최신개정판 박문각 자격증

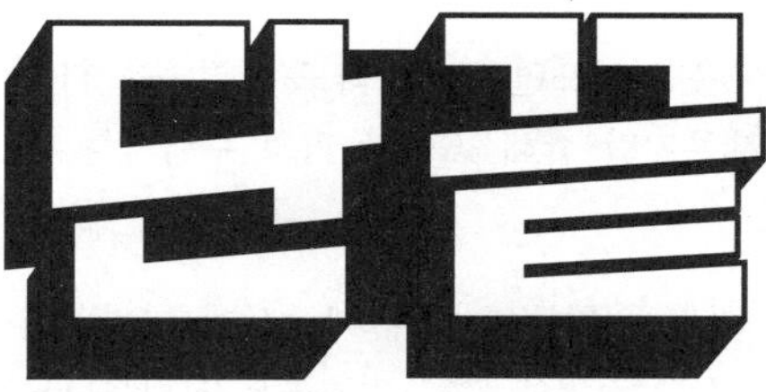

전기기사 · 전기산업기사

전력공학

필기 기본서

정용걸 편저

단숨에 끝내는 핵심이론

단원별 출제 예상문제

제2판

동영상 강의 pmgbooks.co.kr

전기분야 최다 조회수 100만 뷰

PREFACE
이 책의 머리말

전기분야 최다 조회수 기록 100만명이 보았습니다!!

"열정은 있다. 그러나 기본이 없다." - 베토벤 -

어떤 일이든 열정만으로 되는 것은 없다고 생각합니다. 마음만 먹으면 금방이라도 자격증을 취득할 것 같아 벅찬 가슴으로 자격증 공부에 대한 계획을 세우지만 한해 10여만 명의 수험자들 중 90% 이상은 재시험을 보아야 하는 실패를 경험합니다.

저는 30년 이상 전기기사 강의를 진행하면서 전기기사 자격증 취득에 실패하는 사례를 면밀히 살펴보니 수험자들이 자격증 취득에 대한 열정은 있지만 정작 전기에 대한 기초공부가 너무나도 부족한 것을 알게 되었습니다.

특히 수강생들이 회로이론, 전기자기학, 전기기기 등의 과목 때문에 힘들어 하는 모습을 보면서 전기기사 자격증을 취득하는 데 도움을 주려고 초보전기 강의를 하게 되었고 강의 동영상을 무지개꿈원격평생교육원 사이트(www.mukoom.com)를 개설하여 10년만에 누적 100여만 명이 조회하였습니다.

이는 전기기사 수험생들이 대부분 비전문가가 많기 때문에 전기 기초에 대한 절실함이 있기 때문이라고 생각합니다.

동영상 강의교재는 너무나도 많지만 초보자의 시각에서 안성맞춤의 강의를 진행하는 교재는 그리 흔치 않습니다.

본 교재에서는 수험생들이 가장 까다롭게 생각하는 과목 중 필요 없는 것은 버리고 꼭 암기하고 알아야 할 것을 간추려 초보자에게 안성맞춤이 되도록 강의한 내용을 중심으로 집필하였습니다.

'열정은 있다. 그러나 기본이 없다'란 베토벤의 말처럼 기초는 너무나도 중요한 문제입니다.

본 교재를 통해 전기(산업)기사 자격증 공부에 어려움을 겪고 있는 수험생 분에게 도움이 되었으면 감사하겠습니다.

무지개꿈 교육원장 정용걸

동영상 교육사이트

무지개꿈원격평생교육원 http://www.mukoom.com
유튜브채널 '전기왕정원장'

01 전기(산업)기사 필기 합격 공부방법

1 초보전기 II 무료강의

전기(산업)기사의 기초가 부족한 수험생이 필수로 숙지를 하셔야 중도에 포기하지 않고 전기(산업)기사 취득이 가능합니다.

초보전기 II에는 전기(산업)기사의 기초인 기초수학, 기초용어, 기초회로, 기초자기학, 공학용 계산기 활용법 동영상이 있습니다.

2 초보전기 II 숙지 후에 회로이론을 공부하시면 좋습니다.

회로이론에서 배우는 R, L, C가 전기자기학, 전기기기, 전력공학 공부에 큰 도움이 됩니다.

회로이론 20문항 중 12문항 득점을 목표로 공부하시면 좋습니다.

3 회로이론 다음으로 전기자기학 공부를 하시면 좋습니다.

전기(산업)기사 시험 과목 중 과락으로 실패를 하는 경우가 많습니다.

전기자기학은 20문항 중 10문항 득점을 목표로 공부하시면 좋습니다.

4 전기자기학 다음으로는 전기기기를 공부하면 좋습니다.

전기기기는 20문항 중 12문항 득점을 목표로 공부하시면 좋습니다.

5 전기기기 다음으로 전력공학을 공부하시면 좋습니다.

전력공학은 20문항 중 16문항 득점을 목표로 공부하시면 좋습니다.

6 전력공학 다음으로 전기설비기술기준 과목을 공부하시면 좋습니다.

전기설비기술기준 과목은 전기(산업)기사 필기시험 과목 중 제일 점수를 득점하기 쉬운 과목으로 20문항 중 18문항 득점을 목표로 공부하시면 좋습니다.

초보전기 II 무료동영상 시청방법

유튜브 '전기왕정원장' 검색 → 재생목록 → 초보전기 II : 전기기사, 전기산업기사의 기초를 클릭하셔서 시청하시기 바랍니다.

GUIDE

필기 합격 공부방법

02 확실한 합격을 위한 출발선

1 전기기사 · 전기산업기사

핵심이론

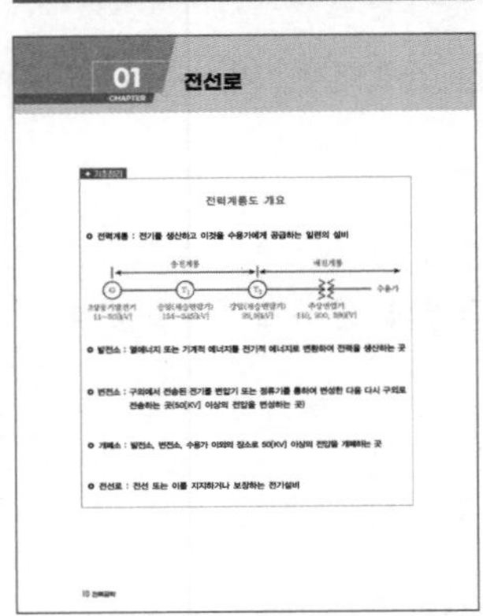

출제예상문제

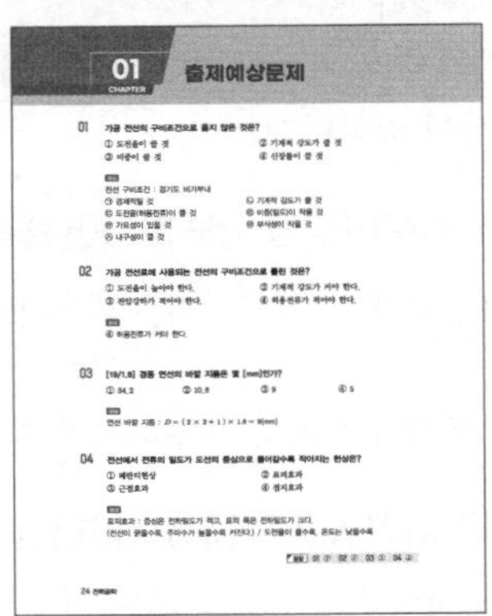

수험생들이 회로이론, 전기자기학, 전력공학 등의 과목 때문에 힘들어하는 모습을 보면서 전기기사 · 전기산업기사 자격증을 취득하는 데 도움을 주기 위해 출간된 교재입니다. 회로이론, 전기자기학, 전력공학 등 어려운 과목들에서 수험생들이 힘들어 하는 내용을 압축하여 단계적으로 학습할 수 있도록 구성하였습니다.
핵심이론과 출제예상문제를 통해 학습하고, 강의를 100% 활용한다면, 기초를 보다 쉽게 정복할 수 있을 것입니다.

2 강의 이용 방법

초보전기 II

☑ QR코드 리더 모바일 앱 설치 → 설치한 앱을 열고 모바일로 QR코드 스캔 → 클립보드 복사 → 링크 열기 → 동영상강의 시청

※ 전기(산업)기사 기본서 중 회로이론은 무료강의, 다른 과목들은 유료강의입니다.

03 무지개꿈원격평생교육원에서만 누릴 수 있는 강좌 서비스 보는 방법

1 인터넷 브라우저 주소창에서 [www.mukoom.com]을 입력하여 [무지개꿈원격평생교육원]에 접속합니다.

2 [회원가입]을 클릭하여 [무꿈 회원]으로 가입합니다.

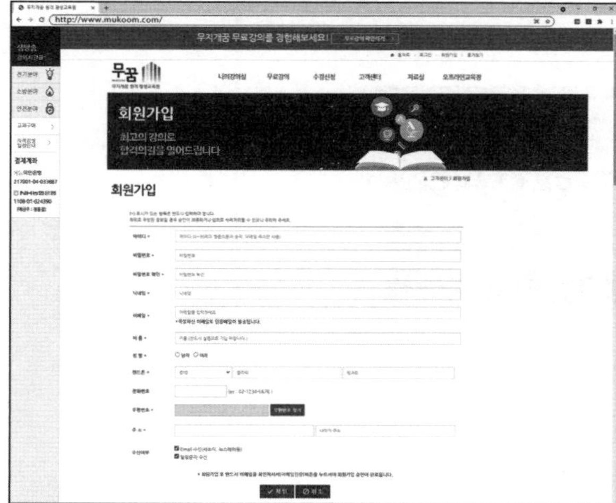

3 [무료강의]를 클릭하면 [무료강의] 창이 뜹니다. [무료강의] 창에서 수강하고 싶은 무료 강좌 및 기출문제 풀이 무료 동영상강의를 수강합니다.

CONTENTS

이 책의 **차례**

전력공학

CONTENTS

이 책의 **차례**

chapter 01

전선로

01 CHAPTER 전선로

✦ 기초정리

전력계통도 개요

✪ 전력계통 : 전기를 생산하고 이것을 수용가에게 공급하는 일련의 설비

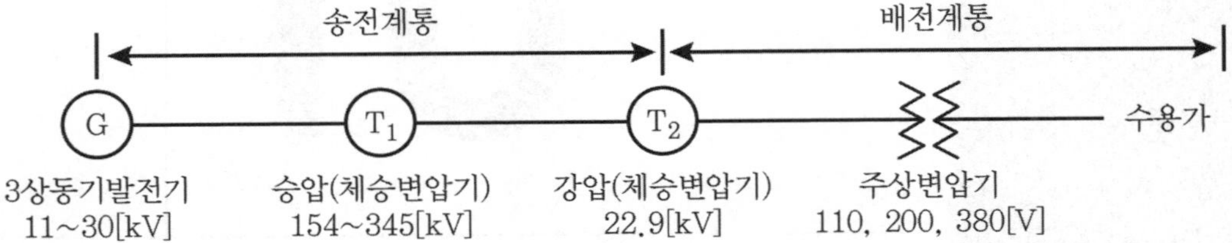

✪ 발전소 : 열에너지 또는 기계적 에너지를 전기적 에너지로 변환하여 전력을 생산하는 곳

✪ 변전소 : 구외에서 전송된 전기를 변압기 또는 정류기를 통하여 변성한 다음 다시 구외로 전송하는 곳(50[KV] 이상의 전압을 변성하는 곳)

✪ 개폐소 : 발전소, 변전소, 수용가 이외의 장소로 50[KV] 이상의 전압을 개폐하는 곳

✪ 전선로 : 전선 또는 이를 지지하거나 보장하는 전기설비

제1절 가공 전선로

※ 구성 : 전선, 애자, 지지물, 지선

◎ 종류 : 송전선로 – 발전소에서 변전소, 변전소에서 변전소 상호 간 연결하는 선로
배전선로 – 발전소에서 수용가, 변전소에서 수용가를 연결하는 선로

◎

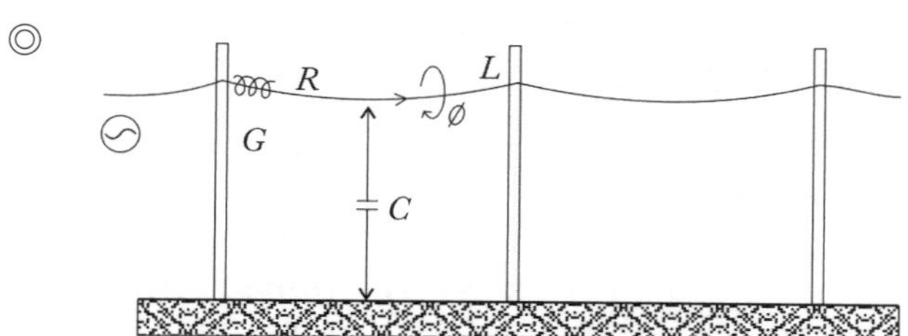

$$Z = R + jwL = R + jX_L$$
$$Y = G + jwC = G + jX_c$$

01 전선 : 최소 굵기[이상]

(1) 구비조건 : 경기도 비가부내

① 경제적일 것
② 기계적 강도가 클 것
③ 도전율(허용전류)이 클 것
④ 비중(밀도)이 작을 것
⑤ 가요성이 있을 것
⑥ 부식성이 작을 것
⑦ 내구성이 클 것

(2) 구성형태에 의한 분류

① 단선 : 심선이 한 가닥인 전선 → 직경(지름) : D[mm]

단면적 계산 : $A = \pi r^2 = \pi(\frac{D}{2})^2 = \frac{\pi}{4}D^2[mm^2]$

② **연선** : 심선 여러 가닥을 꼬아서 만든 전선 → 공칭단면적 : A[mm^2]

㉠ 구조

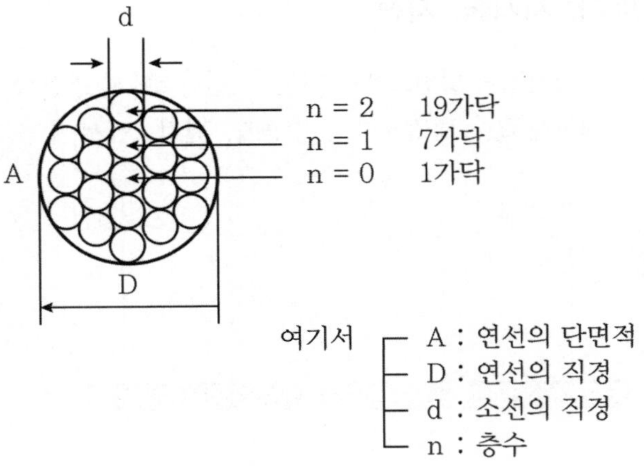

㉡ 규격표기법 : [N/d] = [소선 가닥수/소선 직경]

㉢ 소선 가닥수 : $N = 3n(n+1)+1$

㉣ 연선의 직경 : $D = (1+2n)d$[mm]

㉤ 연선의 단면적 : A = 소선의 단면적 a · 가닥 수 N = $\frac{\pi}{4}d^2 \cdot N$[mm^2]

㉥ 연선의 접속 : 표피효과 이용

※ **표피효과** : 중심은 전하밀도가 적고, 표피 쪽은 전하밀도가 크다.
(전선이 굵을수록, 주파수가 높을수록 커진다.)
(도전율, 투자율이 클수록 커진다.)

층수(n)	소선 가닥수	절단선	접속선
n=1	7	1	6
n=2	19	7	12
n=3	37	19	18
n=4	61	37	24

③ **중공연선** : 단면적은 증가시키지 않고 직경만 크게 한 전선 → 코로나 방지

(3) 전선의 종류 및 용도

① 연동선

㉠ 가요성이 있는 전선(부드러운 전선)

㉡ 용도 : 옥내 배선, 지중전선로

㉢ 도전율 : C = 100[%] → 기준이 되는 전선

㉣ 고유저항 : $\rho = \frac{1}{58}[\Omega \cdot m]$

② 경동선

㉠ 가요성이 없는 전선(딱딱한 전선)

㉡ 용도 : 옥외 배선, 인입선 및 저압 가공전선로

㉢ 약호 : DV(인입용 비닐절연전선) → 인입선

OW(옥외용 비닐절연전선) → 저압 가공전선로

㉣ 도전율 : 91~98[%]

㉤ 고유저항 : $\rho = \frac{1}{55} \sim \frac{1}{56}[\Omega \cdot m]$

③ 알루미늄선

㉠ 도전율 : C = 61[%]

㉡ 고유저항 : $\rho = \frac{1}{35}[\Omega \cdot m]$

④ ACSR : 강심 알루미늄연선 → 바깥 지름은 크게 하고, 중량은 작게 한 전선

㉠ 구조

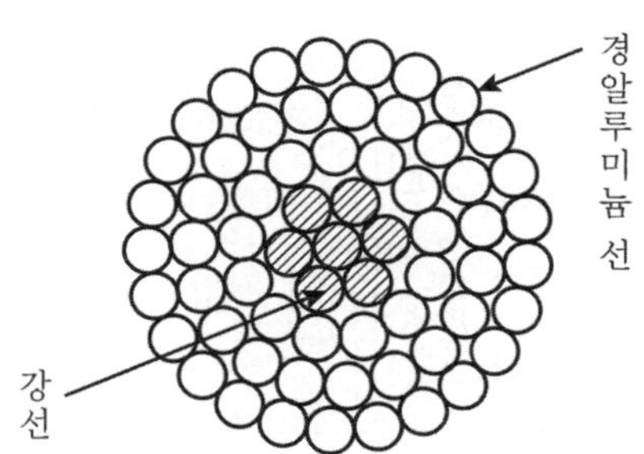

㉡ 용도 : 22.9[KV] 배전선로 전압선 및 중성선 송전선로 전압선 및 가공

구분	전선직경	비중	기계적 강도	도전율	외상
경동선	1	1	1	大	어렵다
ACSR	1.4~1.6	0.8	1.5~2.0	小	쉽다

⑤ 동복강선(쌍금속선) : 66[KV] 배전선로 → 동복강선 3.5[mm] 또는 경동선 5[mm]

(4) 경제적인 전선의 굵기 선정 : 켈빈 법칙

① 전선 굵기 선정 5요소 : 허용전류, 전압강하, 기계적 강도, 코로나 손, 경제성

02 애자

(1) 설치목적

① 전선로를 지지물에 기계적으로 지지한다.

② 전기적으로 전선로와 지지물과의 절연간격을 유지한다.

(2) 구비조건

① 충분한 절연 내력을 가질 것

② 충분한 절연 저항을 가질 것

③ 기계적 강도가 클 것

④ 누설전류가 적을 것

⑤ 온도의 급변에 잘 견디고 습기를 흡수하지 말 것

⑥ 경제적일 것(값이 쌀 것)

(3) 애자의 종류 및 용도

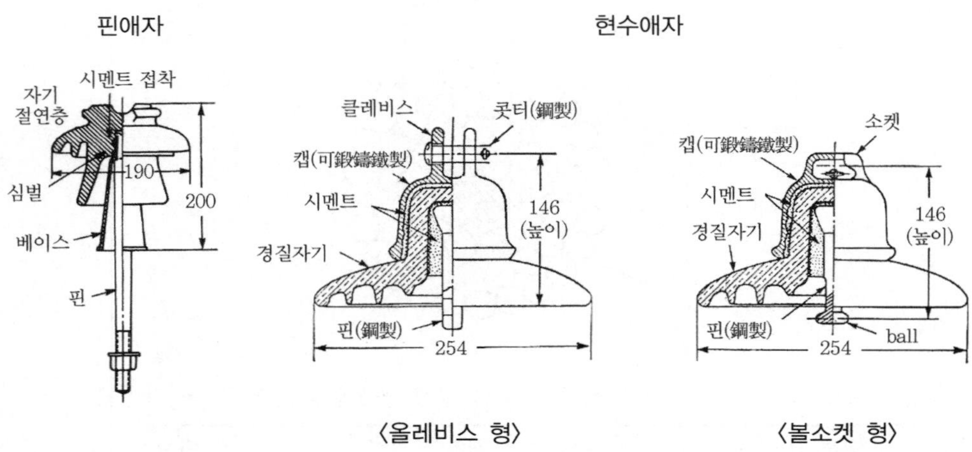

〈올레비스 형〉 〈볼소켓 형〉

※ 종류 • 송전선로 : 핀애자, 현수애자, 장간애자, 내무애자

• 배전선로 : 핀애자, 현수애자, 라인 포스트애자, 인류애자

① **핀애자**

㉠ 사용전압 : 30[KV] 이하

㉡ 용도 : 인입선 및 저압 가공 전선로, 22.9[KV] 배전선로 직선주 지지

㉢ 구조 : 갓이 2~4개

② **현수애자**

㉠ 크기 : 자기 부분의 지름(고압 : 191[mm], 특고압 : 254(250)[mm])

㉡ 용도 : 배전선로 및 송전선로

㉢ 전압별 애자 개수

전압[KV]	22.9	66	154	345	765
애자 수	2~3	4~6	9~11	19~23	약 40

㉣ 애자련의 전압 분담

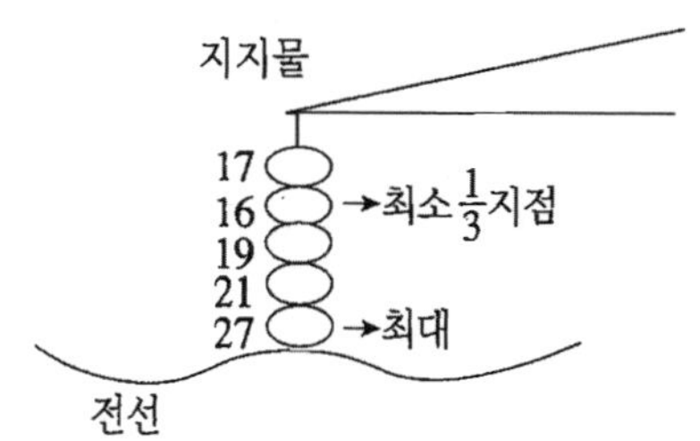

- 전압 분담 최소 : 지지물로부터 $\frac{1}{3}$

  66[KV] : 지지물에서 2번째

  154[KV] : 지지물에서 3번째

- 전압 분담 최대 : 전선로에 가까운 애자

③ **장간애자** : 경간이 큰 개소

④ **내무애자** : 절연 내력이 저하되기 쉬운 장소 → 경제성을 고려하여 자주 세척한다. (해안 지역, 먼지가 많은 공장 지역)

※ 해안가 지방에 많이 쓰이는 나전선 : 동선

(4) 애자련의 보호 : 이상전압(섬락)으로부터 애자련 보호, 애자련의 전압 분담 균등화

① 아킹혼 : 소호각(초호각)

② 아킹링 : 소호환(초호환)

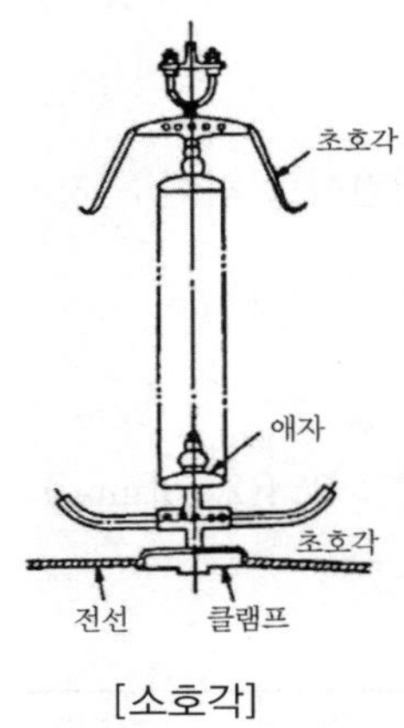

[소호각]

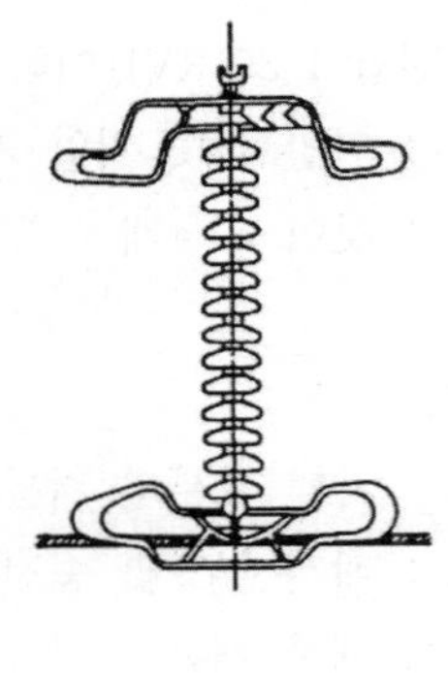

[소호환]

(5) 애자의 절연내력시험(절연파괴시험) 전압

① 건조 섬락전압 : 80[KV]　　② 주수 섬락전압 : 50[KV]

③ 충격 파괴전압 : 125[KV]　　④ 유중 파괴전압 : 140[KV]~150[KV]

(6) 애자련 효율(연능률, 연효율)

$$\eta = \frac{V_n}{nV_1} \times 100[\%]$$

n : 애자 개수　　V_1 : 애자 1개 건조 섬락전압　　V_n : 애자련 건조 섬락전압

03 지지물 및 이도계산

(1) 지지물

① 직선형 : 선로의 직선부분에 수평각도 3° 이하 시설하는 지지물　A

② 각도형 : 수평각도 3°를 초과하는 장소에 시설하는 지지물

- 3° 초과~20° 이하 경각도　B
- ~30° 이하 중각도　C

③ 인류형 : 전 가섭선을 인류하는 장소에 시설하는 지지물　D

④ 보강형 : 전선로를 보강하기 위하여 시설하는 지지물

⑤ 내장형 : 경간의 차가 큰 장소에 시설하는 지지물　E

※ 철탑시설 시 10기 이하마다 1기씩 내장형 애자장치를 한 철탑(내장형 철탑) 시설

(2) 이도 : 전선이 늘어진 정도 → 지지물의 대소(높이) 결정

• 고저 차가 없고 지지점의 높이가 같은 경우

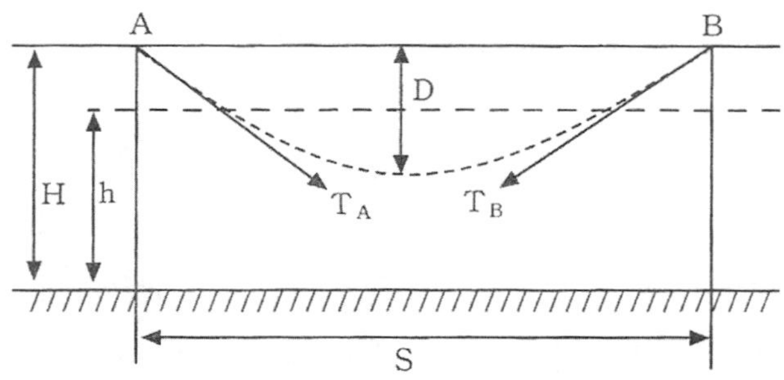

• 이도 : $D = \frac{WS^2}{8T}$[m]

수평장력$(T) = \frac{\text{인장하중}}{\text{안전율}}$ (안전율 $= \frac{\text{인장하중}}{\text{수평장력}}$)

W : 합성하중[Kg/m], S : 경간[m], T : 수평장력[Kg]

① **지지점에서의 수평장력** : $T_0 = T + WD$ (0.1% 정도)

② **전선의 실제길이** : $L = S + \frac{8D^2}{3S}$[m] (늘어진 정도($\frac{8D^2}{3S}$) 경간(S)의 0.1[%])

③ **지지점 평균 높이** : $h = H - \frac{2}{3}D$[m]

④ **온도 변화시 이도 계산** $t_1^\circ \rightarrow D_1$

$$t_2^\circ \rightarrow D_2 = \sqrt{D_1^2 \pm \frac{3}{8}\alpha t S^2}$$

(3) 하중

① **수직하중**(W_1) : 전선자중(W_i), 빙설의 하중(W_c)

② **수평하중**(W_2) : 풍압하중(W_p)

㉠ 전선로 쪽 : 수평 종하중

㉡ 전선로와 직각 : 수평 횡하중

③ 합성하중

• 고온계 합성하중 • 저온계 합성하중

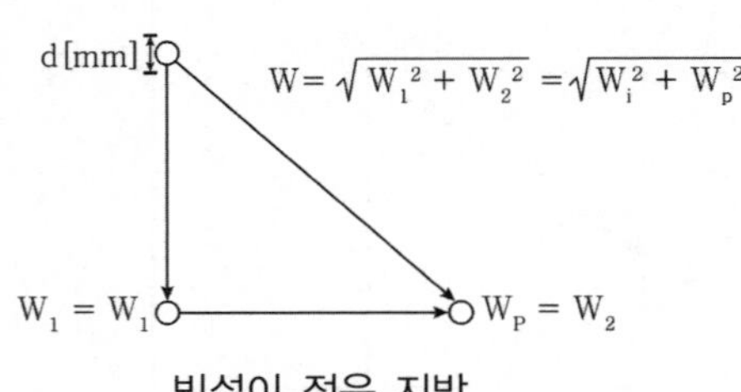

빙설이 적은 지방

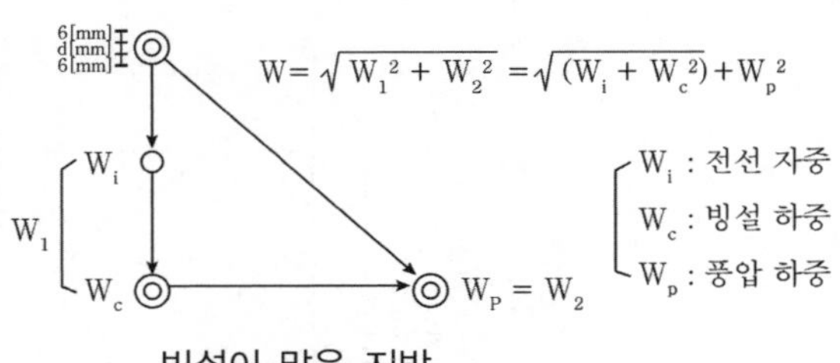

빙설이 많은 지방

풍압하중 $W_p = PKd \times 10^{-3}$[Kg/m]　　풍압하중 $W_p = PK(d+12) \times 10^{-3}$[Kg/m]

④ 부하계수 = $\dfrac{\text{합성하중}}{\text{전선자중}}$

• 고온계 = $\dfrac{\sqrt{W_i^2 + W_p^2}}{W_i}$

• 저온계 = $\dfrac{\sqrt{(W_i + W_c)^2 + W_p^2}}{W_i}$

(4) 전선 배열

① **수직배열** : 오프셋(off-set) → 상하선의 혼촉방지(단락방지)

② **수평배열** : 최소 절연간격 → 900[mm], 표준 절연간격 → 1400[mm]

③ **전선 진동 방지책** : 댐퍼와 아머로드 설치

㉠ 스톡브릿지 댐퍼 : 전선의 좌우 진동 방지

㉡ Bate Damper : 클램프 전부에 감아 전선 진동 방지용 첨선

㉢ 토셔널 댐퍼 : 전선의 상하 진동 방지

㉣ 아머로드 : 전선의 지지점에 전선의 동일 재질을 전선에 감아 단선 방지

04 지선

(1) 설치목적 : 지지물에 가하는 하중을 일부 분담하여 지지물의 강도를 보강함으로 전도사고 방지(지지물 강도 보강) → 철탑은 제외

(2) 구비조건

① **안전율** : 2.5

② **소선의 굵기** : 2.6[mm] 이상

③ **소선수** : 3가닥 이상 연선

④ **인장하중** : 4.31[KN] 이상 → 440[Kg] 이상

(3) 종류

① 보통지선 – 일반적으로 사용
② 수평지선 – 도로나 하천을 지나가는 경우
③ 공동지선 – 지지물 상호거리가 비교적 근접해 있는 경우
④ Y지선 – 다단의 완철이 설치된 경우, 장력의 불균형이 큰 경우
⑤ 궁지선 – 비교적 장력이 작고 협소한 장소

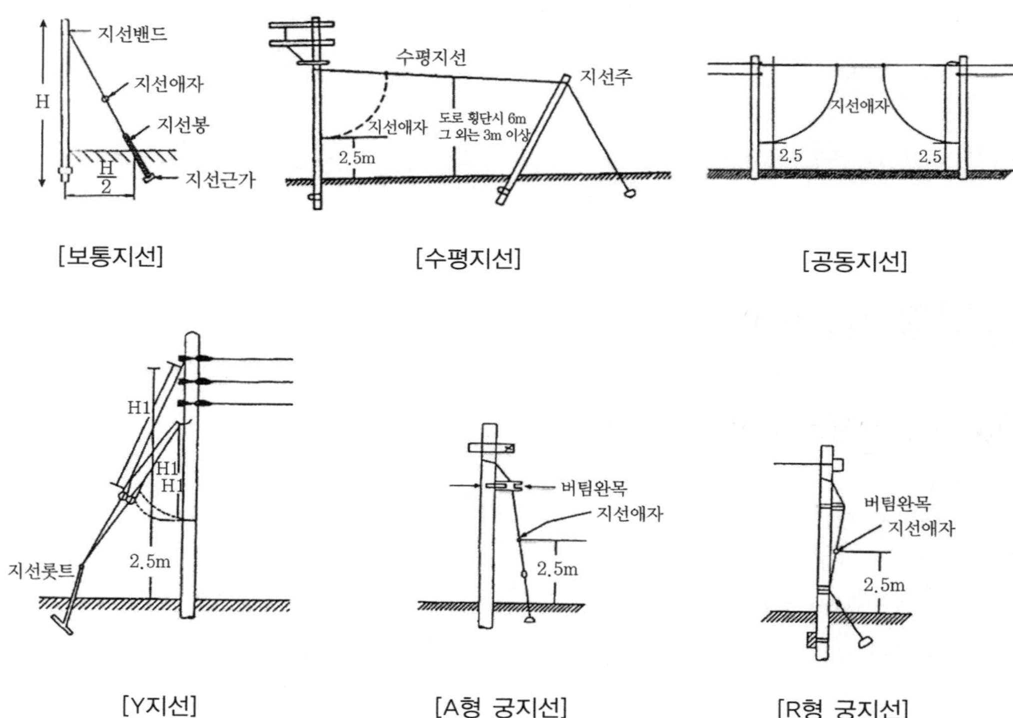

[보통지선] [수평지선] [공동지선]

[Y지선] [A형 궁지선] [R형 궁지선]

(4) 지선의 가닥수 계산

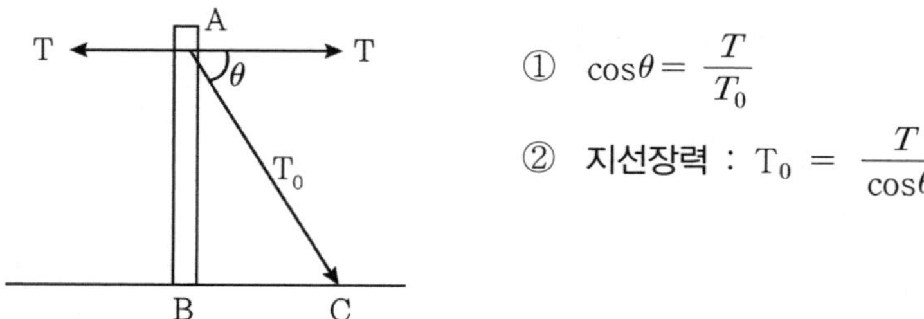

① $\cos\theta = \dfrac{T}{T_0}$

② 지선장력 : $T_0 = \dfrac{T}{\cos\theta}$

③ 지선 가닥수 :

$$n = \frac{\text{수평장력} \times \text{안전율}}{\text{인장하중} \times \cos\theta}$$

$$n = \frac{T_0}{A(\text{전선 한가닥의 인장하중}[kg]}K(\text{안전율})$$

$$= \frac{\frac{T}{\cos\theta}}{A}K = \frac{\text{수평장력} \cdot K}{\text{인장하중} \cdot \cos\theta}$$

제2절 지중 전선로

01 지중 전선로의 장 · 단점

① 장점

㉠ 미관상 좋다.

㉡ 기상조건에 대한 영향이 적다.

㉢ 화재 발생이 적다.

㉣ 통신선 유도장해가 적다.

㉤ 인축 접지사고가 적다.

㉥ 다회선 시설에 유리하다(도심 중심지, 부하용량이 큰 경우).

② 단점

㉠ 시설비가 비싸다.

㉡ 고장점 검출이 어렵고, 복구가 용이하지 않다.

02 구조 및 명칭

① 구조

• 1심

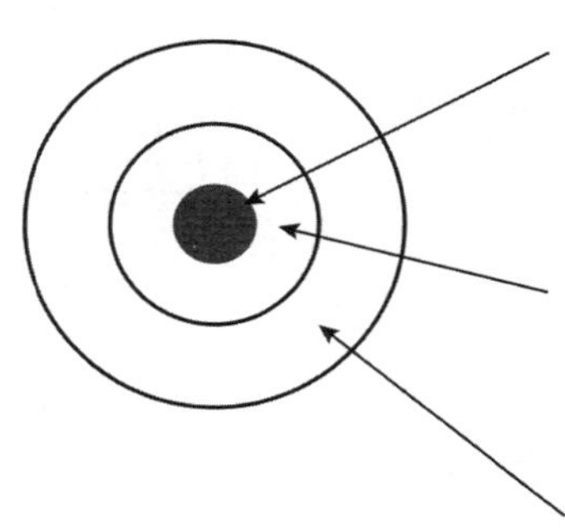

※ 유전체손이 가장 많이 발생하는 전선 : 케이블

※ 손실 : 저항손 > 연피손(시스손) > 유전체손

② 약호 및 명칭

㉠ CN-CV : 동심 중성선 차수형 전력케이블

㉡ CNCV-w : 동심 중성선 수밀형 전력케이블(현재 3상 4선식 22.9[KV]에 사용)

㉢ FR CNCO-w : 동심 중성선 난연성 전력케이블

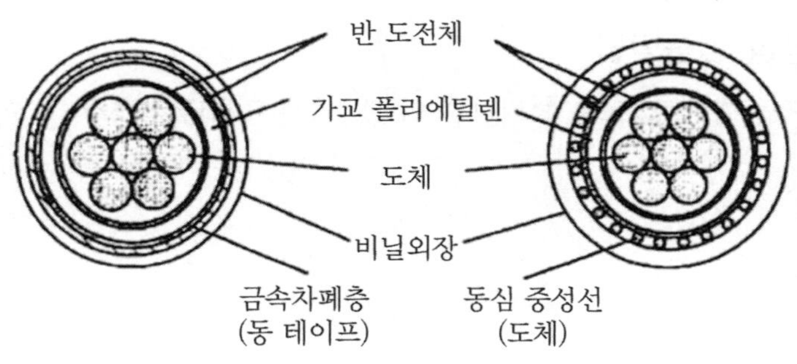

[CV 케이블] [CN-CV 케이블]

03 매설방법

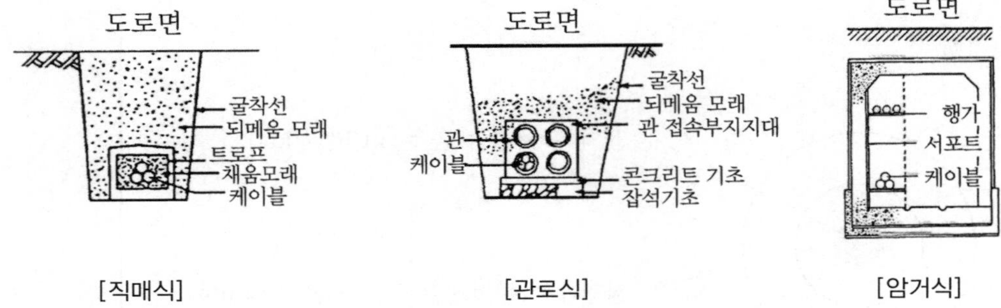

[직매식] [관로식] [암거식]

① 직매식(직접매설방식) : 구내 인입선 → 2회선(정전 시 피해를 줄이려고)

- 매설 깊이 : 차량 등 압력을 받을 경우 1[m]
  기타의 경우 0.6[m]

② 관로식(맨홀방식) : 시가지 배전선로

㉠ 강관, 파형 PE관을 땅 속에 묻는 방법

㉡ 맨홀 : 150~250[m] 간격으로 설치(케이블의 중간 접속 및 점검개소)

③ 암거식(공동 부설식) : 많은 가닥수를 시공할 때 시가지 고전압 대용량 간선 부근, 공사비가 비싸다.

04 케이블 고장점 검출방법

① 머레이 루프법(휘이트스토운 브리지법 이용) : 1선 지락(단선)사고 검출

② 펄스인가법

③ 수색코일법

④ 정전용량법

⑤ 임피던스법

05 절연저항 측정법 : 절연저항계법(메거법)

06 송전방식

(1) 직류송전 방식의 장·단점

① 장점

㉠ 절연 계급을 낮출 수 있다.

㉡ 리액턴스가 없으므로 리액턴스에 의한 전압강하가 없다.

㉢ 송전 효율이 좋다.

㉣ 안정도가 좋다.

㉤ 도체이용률이 좋다.

② 단점

㉠ 교직 변환장치가 필요하며 설비가 비싸다.

㉡ 고전압 대전류 차단이 어렵다.

㉢ 회전자계를 얻을 수 없다.

(2) 교류송전 방식의 장·단점

① 장점

㉠ 전압의 승압 강압 변경이 용이하다.

㉡ 회전자계를 쉽게 얻을 수 있다.

㉢ 일괄된 운용을 기할 수 있다.

② 단점

㉠ 보호 방식이 복잡해진다.

㉡ 많은 계통이 연계되어 있어 고장시 복구가 어렵다.

㉢ 무효전력으로 인한 송전 손실이 크다.

※ 발전소 : 전력 및 주파수를 만들고 공급한다.

01 CHAPTER 출제예상문제

01 **가공 전선의 구비조건으로 옳지 않은 것은?**

① 도전율이 클 것
② 기계적 강도가 클 것
③ 비중이 클 것
④ 신장률이 클 것

해설

전선 구비조건 : 경기도 비가부내

㉠ 경제적일 것
㉡ 기계적 강도가 클 것
㉢ 도전율(허용전류)이 클 것
㉣ 비중(밀도)이 작을 것
㉤ 가요성이 있을 것
㉥ 부식성이 작을 것
㉦ 내구성이 클 것

02 **가공 전선로에 사용되는 전선의 구비조건으로 틀린 것은?**

① 도전율이 높아야 한다.
② 기계적 강도가 커야 한다.
③ 전압강하가 적어야 한다.
④ 허용전류가 적어야 한다.

해설

④ 허용전류가 커야 한다.

03 **[19/1.8] 경동 연선의 바깥 지름은 몇 [mm]인가?**

① 34.2
② 10.8
③ 9
④ 5

해설

연선 바깥 지름 : $D = (2 \times 2 + 1) \times 1.8 = 9$[mm]

04 **전선에서 전류의 밀도가 도선의 중심으로 들어갈수록 작아지는 현상은?**

① 페란티현상
② 표피효과
③ 근접효과
④ 접지효과

해설

표피효과 : 중심은 전하밀도가 적고, 표피 쪽은 전하밀도가 크다.
(전선이 굵을수록, 주파수가 높을수록 커진다.) / 도전율이 클수록, 온도는 낮을수록

정답 01 ③ 02 ④ 03 ③ 04 ②

05 **표피효과에 대한 설명으로 옳은 것은?**

① 전선의 단면적에 반비례한다.　② 주파수에 비례한다.
③ 전압에 비례한다.　④ 도전율에 반비례한다.

해설
② 표피효과는 주파수가 높을수록 커진다.

06 **전선의 표피효과에 관한 기술 중 맞는 것은?**

① 전선이 굵을수록 또 주파수가 낮을수록 커진다.
② 전선이 굵을수록 또 주파수가 높을수록 커진다.
③ 전선이 가늘수록 또 주파수가 낮을수록 커진다.
④ 전선이 가늘수록 또 주파수가 높을수록 커진다.

해설
② 전선의 표피효과는 전선이 굵을수록 또 주파수가 높을수록 커진다.

07 **ACSR은 동일한 길이에서 동일한 전기저항을 갖는 경동연선에 비하여 어떠한가?**

① 바깥 지름과 중량이 모두 크다.
② 바깥 지름은 크고 중량은 작다.
③ 바깥 지름은 작고 중량은 크다.
④ 바깥 지름과 중량이 모두 작다.

해설
ACSR(강심 알루미늄연선) : 바깥 지름은 크게 하고, 중량은 작게 한 전선(가공전선로 단선 방지)

08 **장거리 경간을 갖는 송전선로에서 전선의 단선을 방지하기 위하여 사용하는 전선은?**

① 경알루미늄선　② 경동선
③ 중공연선　④ ACSR

해설
ACSR(강심 알루미늄연선) : 바깥 지름은 크게 하고, 중량은 작게 한 전선(가공전선로 단선 방지)

정답 05 ② 06 ② 07 ② 08 ④

09 **전선의 단위 길이 내에서 연간에 손실되는 전력량에 대한 전기요금과 단위 길이의 전선값에 대한 금리 감가상각비 등의 연간 경비의 합계가 같게 되는 전선 단면적이 가장 경제적인 전선의 단면적이다. 이것은 누구의 법칙인가?**

① 뉴크의 법칙 ② 켈빈의 법칙
③ 플레밍의 법칙 ④ 스틸의 법칙

해설

경제적인 전선의 굵기 선정 : 켈빈의 법칙

10 **옥내배선에 사용하는 전선의 굵기를 결정하는 데 고려하지 않아도 되는 것은?**

① 기계적 강도 ② 전압강하
③ 허용전류 ④ 절연저항

해설

전선 굵기 선정 3요소 : 허용전류, 전압강하, 기계적 강도

11 **애자가 갖추어야 할 구비조건으로 옳은 것은?**

① 온도의 급변에 잘 견디고 습기도 잘 흡수해야 한다.
② 지지물에 전선을 지지할 수 있는 충분한 기계적 강도를 갖추어야 한다.
③ 비, 눈, 안개 등에 대해서도 충분한 절연 저항을 가지며 누설전류가 많아야 한다.
④ 선로 전압에는 충분한 절연 내력을 가지며 이상전압에는 절연 내력이 매우 적어야 한다.

해설

애자 구비조건
㉠ 충분한 절연 내력을 가질 것
㉡ 충분한 절연 저항을 가질 것
㉢ 기계적 강도가 클 것
㉣ 누설전류가 적을 것
㉤ 급변에 잘 견디고 습기를 흡수하지 말 것
㉥ 경제적일 것(값이 쌀 것)

정답 09 ② 10 ④ 11 ②

12 송전선로에 사용되는 애자의 특성이 나빠지는 원인으로 볼 수 없는 것은 어느 것인가?

① 애자 각 부분의 열팽창의 상이
② 전선 상호 간의 유도장해
③ 누설전류에 의한 편열
④ 시멘트의 화학팽창 및 동결팽창

해설

유도장해와는 무관하다.

13 현수애자에 대한 설명이 잘못된 것은?

① 애자를 연결하는 방법에 따라 클레비스형과 볼 소켓형이 있다.
② 2~4층의 갓 모양의 자기편을 시멘트로 접착하고 그 자기를 주철재 base로 지지한다.
③ 애자의 연결개수를 가감함으로써 임의의 송전전압에 사용할 수 있다.
④ 큰 하중에 대하여는 2연 또는 3연으로 사용할 수 있다.

해설

갓이 2~4개 : 핀애자

14 345[KV] 초고압 송전선로에 사용되는 현수애자는 1연 현수인 경우 대략 몇 개 정도 사용되는가?

① 6~8
② 12~14
③ 18~20
④ 28~38

해설

전압별 애자개수

전압[KV]	22.9	66	154	345	765
애자 수	2~3	4~6	9~11	19~23	약 40

15 가공전선로에 사용하는 현수 애자련이 10개라고 할 때 전압분담이 최소인 것은?

① 전선에서 8번째 애자
② 전선에서 5번째 애자
③ 전선에서 3번째 애자
④ 전선에서 1번째 애자

정답 12 ② 13 ② 14 ③ 15 ①

해설

전압분담 최소 : 지지물에서 1/3지점
(154[KV] : 지지물에서 3번째, 전선로에서 8번째가 전압분담 최소)
전압분담 최대 : 전선로에 가까운 것

16 **가공송전선에 사용하는 애자련 중 전압분담이 최대인 것은?**

① 전선에서 가장 가까운 것 ② 중앙에 있는 것
③ 철탑에 가장 가까운 것 ④ 철탑에서 $\frac{1}{3}$ 지점의 것

해설

전압분담 최대 : 전선로에 가까운 것

17 **다음 중 해안 지방의 송전용 나전선으로 가장 적당한 것은?**

① 동선 ② 강선
③ 알루미늄합금선 ④ 강심알루미늄선

해설

해안 지방 나전선 : 동선

18 **송전선에 낙뢰가 가해져서 애자에 섬락현상이 생기면 아크가 생겨 애자가 손상되는 경우가 있다. 이것을 방지하기 위해 사용하는 것은?**

① 댐퍼 ② 아아모로드 ③ 가공지선 ④ 아킹혼

해설

아킹혼, 아킹링 : 이상전압(섬락)으로부터 애자련 보호, 애자련의 전압분담 균등화

19 **송전선로에서 소호환(arcing ring)을 설치하는 이유는?**

① 전력손실의 감소 ② 송전전력 증대
③ 애자에 걸리는 전압분포의 균일 ④ 누설전류에 의한 편열방지

해설

아킹혼, 아킹링 : 이상전압(섬락)으로부터 애자련 보호, 애자련의 전압분담 균등화

정답 16 ① 17 ① 18 ④ 19 ③

20 **250[mm] 현수애자 1개의 건조 섬락전압은 몇 [KV] 정도인가?**

① 50　② 60　③ 80　④ 100

해설

애자 건조 섬락전압 : 80[KV]

21 **250[mm] 현수애자 10개를 직렬로 접속한 애자련의 건조 섬락전압이 590[KV]이고 연효율이 0.74이다. 현수애자 한 개의 건조 섬락전압은 약 몇 [KV]인가?**

① 80　② 90　③ 100　④ 120

해설

애자련 효율 : $\eta = \dfrac{V_n}{nV_1} \times 100[\%]$에서

$$V_1 = \frac{V_n}{n\eta} = \frac{590}{10 \times 0.74} = 80[KV]$$

22 **송전선용 표준철탑 설계의 경우 일반적으로 가장 큰 하중은?**

① 풍압　② 애자, 전선의 중량
③ 빙설　④ 전선의 인장강도

해설

가장 큰 하중 : 수평 횡하중(풍압하중) : 전선로에 직각으로 부는 풍압하중

23 **전선로의 지지물에 가해지는 하중에서 상시 하중으로 가장 중요한 것은?**

① 수직 하중　② 수직 횡하중
③ 수평 종하중　④ 수평 횡하중

해설

가장 큰 하중 : 수평 횡하중(풍압하중) : 전선로에 직각으로 부는 풍압하중

정답 20 ③　21 ①　22 ①　23 ④

24 **빙설이 많은 지방에서 특별고압 가공전선의 이도(dip)를 계산할 때 전선 주위에 부착하는 빙설의 두께와 비중은 일반적인 경우 각각 얼마로 상정하는가?**

① 두께 : 10[mm], 비중 : 0.9　② 두께 : 6[mm], 비중 : 0.9
③ 두께 : 10[mm], 비중 : 1　④ 두께 : 6[mm], 비중 : 1

해설
빙설하중 : 전선 주위 두께 6[mm], 비중 0.9 이상

25 **풍압이 P[Kg/m²]이고 빙설이 많지 않은 지방에서 직경 d[mm]인 전선 1[m]가 받은 풍압 [Kg/m]은 표면 계수를 k라고 할 때 얼마가 되겠는가?**

① $\frac{pk(d+12)}{1,000}$　② $\frac{pk(d+6)}{1,000}$　③ $\frac{pkd}{1,000}$　④ $\frac{pkd^2}{1,000}$

해설
고온계 풍압하중 : $W_p = PKd \times 10^{-3}$[Kg/m]

26 **전선의 자중과 빙설하중을 W_1, 풍압하중을 W_2라 할 때 그 합성하중은?**

① $\sqrt{W_1^2 + W_2^2}$　② $W_1 + W_2$　③ $W_1 - W_2$　④ $W_2 - W_1$

해설
합성하중 : $W = \sqrt{W_1^2 + W_2^2}$

27 **가공송전선로를 가선할 때에는 하중조건과 온도조건을 고려하여 적당한 이도(dip)를 주도록 하여야 한다. 다음 중 이도에 대한 설명으로 옳은 것은?**

① 이도가 작으면 전선이 좌우로 크게 흔들려서 다른 상의 전선에 접촉하여 위험하게 된다.
② 전선을 가선할 때 전선을 팽팽하게 가선하는 것을 이도를 크게 준다고 한다.
③ 이도를 작게 하면 이에 비례하여 전선의 장력이 증가되며 심할 때는 전선 상호 간이 꼬이게 된다.
④ 이도의 대소는 지지물의 높이를 좌우한다.

해설
이도 : 지지물의 높이 및 대소관계 결정

정답 24 ② 25 ③ 26 ① 27 ④

28 **가공 전선로에서 전선의 단위 길이당 중량과 경간이 일정할 때 이도는 어떻게 되는가?**

① 전선의 장력에 반비례한다. ② 전선의 장력에 비례한다.
③ 전선의 장력의 2승에 반비례한다. ④ 전선의 장력의 2승에 비례한다.

해설

이도 : $D = \frac{WS^2}{8T}$[m]이므로 ($D \propto \frac{1}{T}$)

29 **송배전선로에서 전선의 장력을 2배로 하고 또 경간을 2배로 하면 전선의 이도는 처음의 몇 배가 되는가?**

① $\frac{1}{4}$ ② $\frac{1}{2}$ ③ 2 ④ 4

해설

이도 : $D = \frac{WS^2}{8T}$에서 $D = \frac{W(2S)^2}{8(2T)} = 2 \times \frac{WS^2}{8T}$ ∴ 2배

30 **고저차가 없는 가공 전선로에서 이도 및 전선 중량을 일정하게 하고 경간을 2배로 했을 때 전선의 수평 장력은 몇 배가 되는가?**

① 2배 ② 4배 ③ $\frac{1}{2}$배 ④ $\frac{1}{4}$배

해설

이도 : $D = \frac{WS^2}{8T}$[m]이므로 ($D \propto S^2$) ∴ 4배

31 **높이가 같고 경간이 200[m]인 철탑에 38[mm²]의 경동연선을 가선할 때 이도(dip)는 몇 [m]인가? (단, 경동연선의 인장 하중은 1,400[Kg], 안전율은 2.2, 전선 자체의 무게는 0.333[Kg/m]라고 한다.)**

① 2.24 ② 2.62 ③ 3.38 ④ 3.46

해설

이도 : $D = \frac{WS^2}{8T} = \frac{0.333 \times 200^2}{8 \times \frac{1,400}{2.2}} = 2.62$ (수평장력 $= \frac{\text{인장하중}}{\text{안전율}}$)

정답 28 ① 29 ③ 30 ② 31 ②

32 경간 200[m], 전선자체의 무게 2[Kg/m], 인장하중 5,000[Kg], 안전율이 2인 경우 전선의 이도(dip)는 몇 [m]인가?

① 2 ② 4 ③ 6 ④ 8

해설

이도 : $D = \dfrac{WS^2}{8T} = \dfrac{2\times 200^2}{8\times \dfrac{5{,}000}{2}} = 4$

33 전주 사이의 경간이 80[m]인 가공전선로에서 전선 1[m]당의 하중이 0.37[Kg] 전선의 이도가 0.8[m]라면 수평장력은 몇 [Kg]이겠는가?

① 330 ② 350 ③ 370 ④ 390

해설

이도 : $D = \dfrac{WS^2}{8T}$에서 수평장력 $T = \dfrac{WS^2}{8D} = \dfrac{0.37\times 80^2}{8\times 0.8} = 370$[Kg]

34 가공 선로에서 이도를 D라 하면 전선의 길이는 경간 S보다 얼마나 긴가?

① $\dfrac{8D^2}{3S}$ ② $\dfrac{5D}{8S}$ ③ $\dfrac{3D^2}{8S}$ ④ $\dfrac{3D}{8S^2}$

해설

전선의 실제 길이 : $L = S + \dfrac{8D^2}{3S}$[m]

35 전선 지지점에 고저차가 없는 경간 300[m]인 송전선로가 있다. 이도를 10[m]로 유지할 경우 지지점 간의 전선 길이는 약 몇 [m]인가?

① 300.0 ② 300.3 ③ 300.6 ④ 300.9

해설

전선의 실제 길이 : $L = S + \dfrac{8D^2}{3S} = 300 + \dfrac{8\times 10^2}{3\times 300} = 300.9$[m]

정답 32 ② 33 ③ 34 ① 35 ④

36 경간 200[m]인 가공 전선로에서 사용되는 전선의 길이는 경간보다 몇 [m] 더 길게 하면 되는가? (단, 사용전선의 1[m]당 무게는 2[Kg], 인장하중은 4,000[Kg], 전선의 안전율은 2이고 풍압하중 등은 무시한다.)

① $\frac{1}{2}$　② $\sqrt{2}$　③ $\frac{1}{3}$　④ $\frac{2}{3}$

해설

늘어진 정도 $= \frac{8D^2}{3S} = \frac{8 \times 5^2}{3 \times 200} = \frac{1}{3}$[m]

이도 : $D = \frac{WS^2}{8T} = \frac{2 \times 200^2}{8 \times \frac{4,000}{2}} = 5$[m]

37 가공 전선을 200[m]의 경간에 가설하여 그 이도가 5[m]이었다. 이도를 6[m]로 하려면 이도를 5[m]로 하였을 때보다 전선이 몇 [cm] 더 필요하겠는가?

① 8　② 10　③ 12　④ 15

해설

이도 5[m]일 때 늘어진 정도 $= \frac{8D^2}{3S} = \frac{8 \times 5^2}{3 \times 200} = 0.33$[m]

이도 6[m]일 때 늘어진 정도 $= \frac{8D^2}{3S} = \frac{8 \times 6^2}{3 \times 200} = 0.48$[m]

∴ 0.48 − 0.33 = 0.15[m]

38 이도가 D이고 경간이 S인 가공 선로에서 지지물의 고저차가 없을 때 $\frac{8D^2}{3S}$은 경간에 비하여 몇 [%]인가?

① 0.1　② 0.5　③ 1.0　④ 1.5

해설

늘어진 정도 경간(S)의 0.1[%]

정답 36 ③　37 ④　38 ①

39 **전선의 지지점의 높이가 12[m], 이도가 2.7[m], 경간이 300[m]일 때 전선의 지표상으로부터의 평균 높이[m]는?**

① 11.1　　② 10.2
③ 10.6　　④ 9.3

해설

지지점 평균 높이 : $h = H - \frac{2}{3}D = 12 - \frac{2}{3} \times 2.7 = 10.2$[m]

40 **154[KV] 송전선과 그 지지물 완금류 지주 또는 지선과의 최소 절연간격은 몇 [mm]인가?**

① 900　　② 1,150
③ 1,250　　④ 1,400

해설

154[KV] 최소 절연간격 : 900[mm] / 표준 절연간격 : 1,400[mm]
345[KV] 최소 절연간격 : 2,200[mm] / 표준 절연간격 : 2,700[mm]

41 **3상 수직배치인 선로에서 오프셋을 주는 이유는?**

① 유도 장해 감소　　② 난조방지
③ 철탑 중량 감소　　④ 단락방지

해설

오프셋 : 상·하선 단락사고 방지

42 **송전선에 댐퍼를 다는 이유는?**

① 전선의 진동방지　　② 전자유도 감소
③ 코로나의 방지　　④ 현수애자의 경사방지

해설

댐퍼 : 전선의 진동방지

정답 39 ② 40 ① 41 ④ 42 ①

43 가공전선로의 전선 진동을 방지하기 위한 방법으로 옳지 않은 것은 어느 것인가?

① 토쇼널 댐퍼(torsioner damper)의 설치
② 스프링 피스톤 댐퍼와 같은 진동 제지권을 설치
③ 경동선을 ACSR로 교환
④ 클램프나 전선접촉기 등을 가벼운 것으로 바꾸고 클램프 부근에 적당히 전선을 첨가

해설
ACSR은 경동선보다 비중이 작아 진동이 더 심해진다.

44 전선로의 지지물 양쪽의 경간차가 큰 장소에 사용되며 일명 E철탑이라고도 하는 표준철탑의 일종은?

① 직선형 철탑
② 내장형 철탑
③ 각도형 철탑
④ 인류형 철탑

해설
내장형 철탑 : 양쪽 경간차가 큰 장소에 사용

45 송전선로에 있어서 장경간(long span)이라고 하는 것은 표준경간에 몇 [m]를 더한 경간을 넣는 것을 말하는가?

① 100 ② 150 ③ 200 ④ 250

해설
송전선로 지지물 B종, 철탑을 사용하므로 B종 지지물 장경간 250[m] 가산
B종 지지물의 경간은 250[m]로서 장경간은 500[m]가 된다. 따라서 250[m]를 더한 경간이 가능하다.

46 지상 높이 h[m]인 곳에 수평하중 P[Kg]을 받는 목주에 지선을 설치할 때 지선 l[m]가 받는 장력은 몇 [Kg]인가?

① $\frac{l}{h}P$ ② $\frac{\sqrt{l^2-h^2}}{h}P$ ③ $\frac{h^2}{\sqrt{l^2-h^2}}P$ ④ $\frac{l}{\sqrt{l^2-h^2}}P$

해설
지선장력 : $T_0 = \frac{T}{\cos\theta} = \frac{\frac{P}{\sqrt{l^2-h^2}}}{l} = \frac{Pl}{\sqrt{l^2-h^2}}$

정답 43 ③ 44 ② 45 ④ 46 ④

47 **그림과 같이 지선을 가설하여 전주에 가해진 수평장력 800[kg]을 지지하고자 한다. 지선으로써 4[mm] 철선을 사용한다고 하면 몇 가닥 사용해야 하는가? (단, 지선안전율 2.5↑, 인장하중 440[kg]↑)**

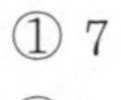

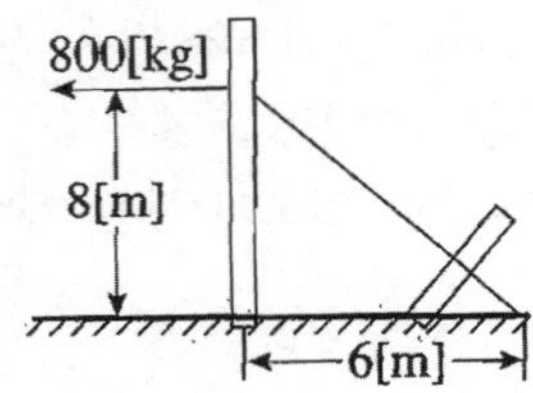

① 7
② 8
③ 9
④ 10

해설

지선 : $n = \dfrac{\text{수평장력} \times \text{안전율}}{\text{인장하중} \times \cos\theta}$, $n = \dfrac{800 \times 2.5}{440 \times \dfrac{6}{\sqrt{8^2 + 6^2}}} = 7.58$ ∴ 8가닥

48 **케이블의 전력손실과 관계가 없는 것은?**

① 저항손 ② 유전체손 ③ 연피손 ④ 철손

해설

케이블 손실 : 저항손, 유전체손, 연피손

49 **주파수 f, 전압 E일 때 유전체 손실은 다음 어느 것에 비례하는가?**

① E/f ② fE ③ f/E^2 ④ fE^2

해설

유전체손 : $P_c = \omega c E^2 \times \tan\delta$ ($P_c \propto f E^2$)

50 **케이블의 연피손의 원인은?**

① 표피 작용 ② 히스테리시스 현상
③ 전자유도 작용 ④ 유전체손

해설

연피손 원인 : 전자유도 작용

정답 47 ② 48 ④ 49 ④ 50 ③

51 **케이블을 부설한 후 현장에서 절연내력 시험을 할 때 직류로 하는 이유는?**

① 절연파괴 시까지의 피해가 적다.
② 절연내력은 직류가 크다.
③ 시험용 전원의 용량이 적다.
④ 케이블의 유전체손이 없다.

해설
직류로 절연내력 시험 시 전원 용량이 작아진다.

52 **지중 케이블에 있어서 고장점을 찾는 방법이 아닌 것은?**

① 머레이 루프(murray) 시험기에 의한 방법
② 메거(megger)에 의한 측정방법
③ 수색코일(search)에 의한 방법
④ 펄스에 의한 측정법

해설
지중 케이블 고장점 검출방법
㉠ 머레이 루프법
㉡ 펄스인가법
㉢ 수색코일법
㉣ 정전용량법

53 **선택배류기는 어느 전기설비에 설치하는가?**

① 급전선
② 가공 통신 케이블
③ 가공 전화선
④ 지하 전력 케이블

해설
선택배류기 : 매설 금속체와 지중 전선 등을 전기적으로 접속하여 전류에 의한 전식 방지

정답 51 ③ 52 ② 53 ④

54 **장거리 대전력 송전에서 교류송전 방식에 비한 직류송전 방식의 장점이 아닌 것은 어떤 것인가?**

① 송전 효율이 높다.
② 안정도의 문제가 없다.
③ 선로 절연이 더 수월하다.
④ 변압이 쉬워 고압송전이 유리하다.

해설

직류송전 방식의 장・단점
① 장점 : 절연 계급을 낮출 수 있다.
리액턴스가 없으므로 리액턴스에 의한 전압강하가 없다.
송전 효율이 좋다.
안정도가 좋다.
도체이용률이 좋다.
② 단점 : 교직 변환장치가 필요하며 설비가 비싸다.
고전압 대전류 차단이 어렵다.
회전자계를 얻을 수 없다.

교류송전 방식의 장・단점
① 장점 : 전압의 승압 강압 변경이 용이하다.
회전자계를 쉽게 얻을 수 있다.
일괄된 운용을 기할 수 있다.
② 단점 : 보호 방식이 복잡해진다.
많은 계통이 연계되어 있어 고장시 복구가 어렵다.
무효전력으로 인한 송전 손실이 크다.

55 **직류송전 방식이 교류송전 방식에 비하여 유리한 점으로 틀린 것은?**

① 표피효과에 의한 송전손실이 없다.
② 통신선에 대한 유도장해가 적다.
③ 선로의 절연이 용이하다.
④ 정류가 필요없고 승압 및 강압이 쉽다.

해설

④는 교류송전 방식의 장점에 해당한다.

정답 54 ④ 55 ④

56 교류송전 방식에 비하여 직류송전 방식의 장점이 아닌 것은?

① 고전압, 대전력의 차단이 용이하다.
② 기기 및 선로의 절연의 요하는 비용이 절감된다.
③ 안정도의 한계가 없으므로 송전용량을 높일 수 있다.
④ 1선 지락고장시 인접 통신선의 전자 유장해를 경감시킬 수 있다.

해설
① 고전압, 대전력의 차단이 어렵다.

57 직류송전에 대한 설명으로 틀린 것은?

① 직류송전에서는 유효전력과 무효전력을 동시에 보낼 수 있다.
② 역률이 항상 1로 되기 때문에 그만큼 송전 효율이 좋아진다.
③ 직류송전에서는 리액턴스라든지 위상각에 대해서 고려할 필요가 없기 때문에 안정도상의 난점이 없어진다.
④ 직류에 의한 계통연계는 단락용량이 증대하지 않기 때문에 교류 계통의 차단용량이 적어도 된다.

해설
직류송전 방식의 장・단점
① 장점 : 절연 계급을 낮출 수 있다.
리액턴스가 없으므로 리액턴스에 의한 전압강하가 없다.
송전 효율이 좋다.
안정도가 좋다.
도체이용률이 좋다.
② 단점 : 교직 변환장치가 필요하며 설비가 비싸다.
고전압 대전류 차단이 어렵다.
회전자계를 얻을 수 없다.

58 배전용 변전소의 주변압기로 사용되는 것은?

① 단권 변압기　　② 3권선 변압기
③ 체강 변압기　　④ 체승 변압기

해설
배전용 변전소 : 체강(강압) 변압기

정답 56 ① 57 ① 58 ③

59 **송전선로에서 현수 애자련의 연면 섬락과 가장 관계가 먼 것은?**

① 댐퍼 ② 철탑 접지 저항
③ 현수 애자련의 개수 ④ 현수 애자련의 소손

해설
댐퍼
댐퍼의 경우 전선의 진동을 방지한다.

60 **아킹혼(Arcing Horn)의 설치 목적은?**

① 이상전압 소멸 ② 전선의 진동방지
③ 코로나 손실방지 ④ 섬락사고에 대한 애자보호

해설
애자련의 보호
아킹혼(Arcing Horn)은 섬락에 의한 애자련의 보호 및 애자의 전압 분포를 개선한다.

61 **켈빈(Kelvin)의 법칙이 적용되는 경우는?**

① 전압 강하를 감소시키고자 하는 경우
② 부하 배분의 균형을 얻고자 하는 경우
③ 전력 손실량을 축소시키고자 하는 경우
④ 경제적인 전선의 굵기를 선정하고자 하는 경우

해설
켈빈 법칙
경제적인 전선의 굵기를 선정하는 경우

정답 59 ① 60 ④ 61 ④

chapter

02

선로정수 및 코로나

02 CHAPTER 선로정수 및 코로나

제1절 <선로정수> R, L, C, G(선로의 전압, 전류, 역률 등과 무관하다.)

01 복도체(다도체) : 1상의 도체를 2~6개로 나누어 시설하는 전선

(1) 특징

① 초고압 송전선로에 시설
② 코로나 방지
③ 인덕턴스(L)는 감소하고, 정전용량(C)이 증가하여 송전용량 증가
④ 전류 방향이 같을 경우 소도체 간 흡입력 발생
⑤ 전선표면 손상방지 : 스페이서 설치

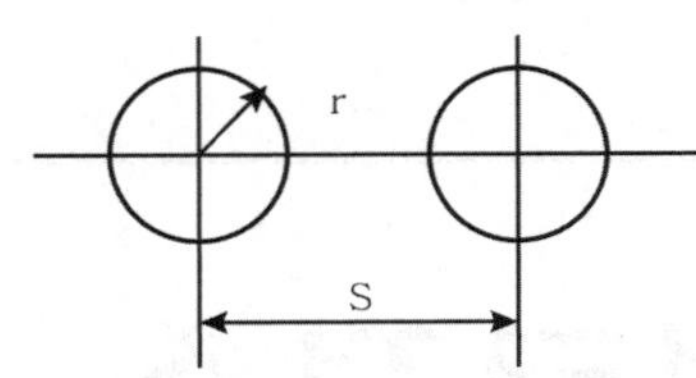

- 등가 반지름 : $r' = r^{\frac{1}{n}} \cdot S^{\frac{n-1}{n}}$ n = 2인 경우 $r' = \sqrt{r \cdot s}$
  n = 4인 경우 $r' = \sqrt[4]{r \cdot s^3}$ $(s = \sqrt[6]{2}\,S)$

n : 소도체의 개수, r' : 등가 반지름, s : 소도체 간 거리

(2) 복도체 방식의 장 · 단점

① 장점
㉠ 인덕턴스는 감소되고, 정전용량은 증가해서 송전용량을 증대시킬 수 있다.
㉡ 전선표면의 전위 경도를 감소시켜 코로나 개시전압이 높아지므로 코로나 손실을 줄일 수 있다.
㉢ 안정도를 증대시킬 수 있다.
㉣ 전선의 허용전류는 증대한다.

② 단점

㉠ 정전용량이 커지기 때문에 페란티 현상 발생 → 분로리액터 설치

㉡ 풍압하중, 빙설의 하중으로 진동 발생 → 댐퍼 설치

㉢ 각 소도체 간에 흡입력이 작용하여 단락사고 발생 → 스페이서 설치

02 저항 : R[Ω]

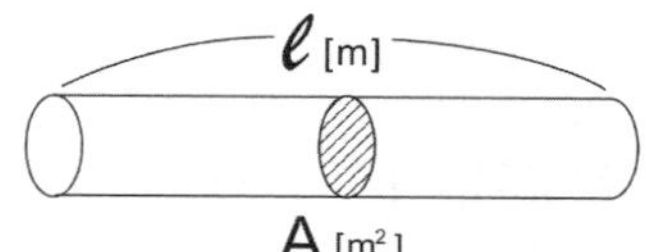

(1) 저항 : $R = \rho \frac{l}{A}$ [Ω]

$\rho = R\frac{A}{\ell}$ [Ω · m²/m] ⇒ ρ= [Ω · mm²/m]

(2) 표준 연동선의 고유저항 : $\rho = \frac{1}{58}$ [Ω · mm²/m]

※ σ 도전도 $= \frac{1}{\rho}$ [℧ · m/mm²]

03 인덕턴스 : L[mH/Km] : 자속 쇄교 수를 도체의 전류로 나눈 값 $L = \frac{d\phi}{di}$ [H]

(전류가 흘렀을 때 전자 유도되는 크기를 정수화시킨 값)

(1) 작용인덕턴스(L) = 자기인덕턴스 + 상호인덕턴스

① **단도체 :** $L = 0.05 + 0.4605\log_{10}\frac{D}{r}$ [mH/Km] (r : 반지름, D : 등가선간거리)

※ 등가선간거리(기하학적 평균거리) : $D = \sqrt[n]{D_1 \times D_2 \times D_3 \times \ \dots \ D_n}$

㉠ 수평 배열(일직선 배열, 3상 3선)

$D = \sqrt[3]{D_1 \times D_1 \times 2D_1} = D_1\sqrt[3]{2}$

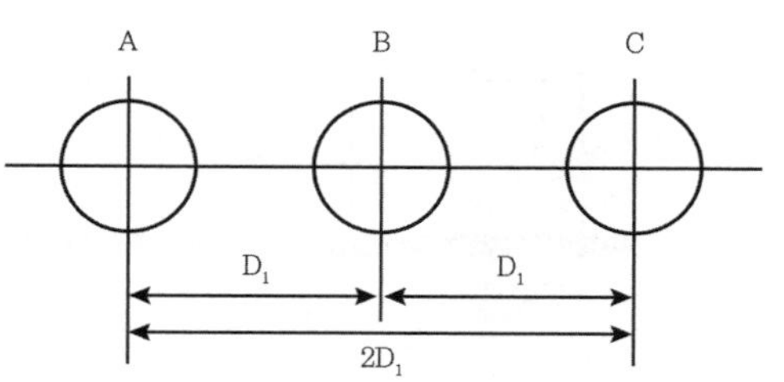

㉡ 정삼각 배열

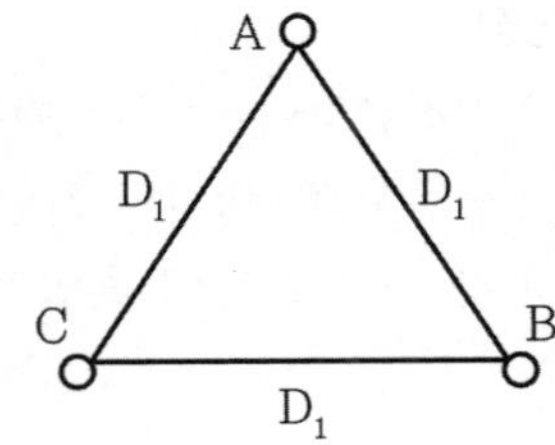

$$D = \sqrt[3]{D_1 \times D_1 \times D_1} = D_1$$

㉢ 사각 배열(4도체)

$$D = \sqrt[6]{D_1 \times D_1 \times D_1 \times D_1 \times \sqrt{2}\,D_1 \times \sqrt{2}\,D_1} = D_1 \sqrt[6]{2}$$

② **복도체** : $L = \frac{0.05}{n} + 0.4605\log_{10}\frac{D}{r'}$ [mH/Km]

$L = 0.025 + 0.4605\log_{10}\frac{D}{\sqrt{rs}}$ [mH/Km] (2도체의 경우)

r' : 등가반지름, D : 등가선간거리

04 정전용량 : C[μF/Km] : 전하량을 전위차로 나눈 값 $C = \frac{Q}{V}$[F]

(전위차 존재 시 그 전위차에 대한 정전 유도되는 크기를 정수화시킨 값)

(1) 작용 정전용량

① **단도체** : $C = \frac{0.02413}{\log_{10}\frac{D}{r}}$ [μF/km]

② **복도체** : $C = \frac{0.02413}{\log_{10}\frac{D}{r'}} = \frac{0.02413}{\log_{10}\frac{D}{\sqrt{rs}}}$ [μF/km]

③ **작용 정전용량(C) = 대지 정전용량(C_S) + 선간 정전용량(C_m)**

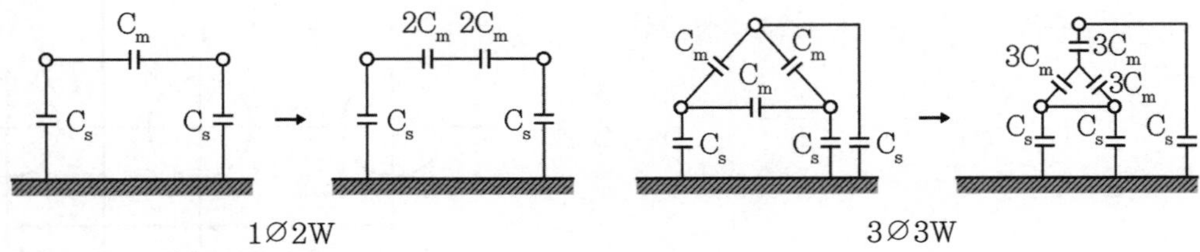

㉠ 단상 2선식 $C = C_S + 2C_m$ ㉡ 3상 3선식 $C = C_S + 3C_m$

④ **충전전류**(앞선 전류 = 빠른 전류 = 진상전류)

충전전류 : $I_c = \dfrac{E}{Z} = \dfrac{E}{X_c} = \dfrac{E}{\dfrac{1}{\omega C}} = \omega CE[A]$ (길이 주어지면 곱한다.)

※ 3상 3선 : $I_c = \omega(C_S + 3C_m) \times \dfrac{V}{\sqrt{3}} \times \ell$ [A]

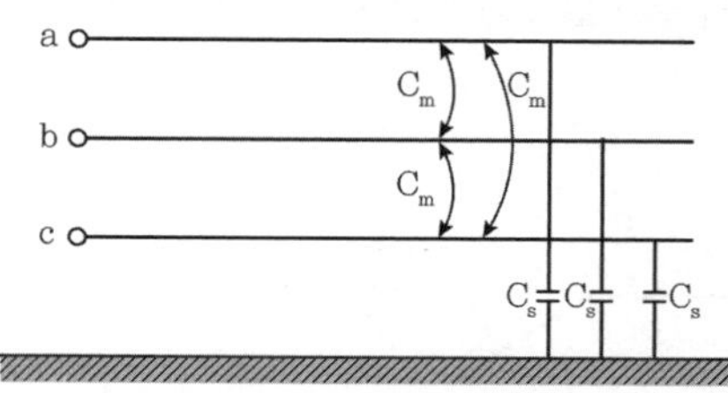

= Y

V : 공칭전압 / 선간 전압 / 정격전압

E : 대지전압 / 전위차 존재 / 상 전압

$C_m = C_S + 3C_m$

⑤ **충전용량 계산**(용량 = 대지전압 × 충전전류)

㉠ 충전용량 : $Q_C = 3E \cdot I_c = 3E \cdot \omega CE = 3\omega CE^2 = \omega CV^2 \times 10^{-3}$[KVA]

㉡ 충전용량 비교

- △결선 = $3\omega CE^2 = 3\omega CV^2$ (E = V)
- Y결선 = $3\omega CE^2 = \omega CV^2$ ($E = \dfrac{V}{\sqrt{3}}$)

> **비교**
>
> △결선시와 Y결선시의 비교
>
> ※ Y → △ ($\dfrac{\triangle}{Y}$) : 3배　　△ → Y ($\dfrac{Y}{\triangle}$) : $\dfrac{1}{3}$배

05 누설 컨덕턴스 : G[℧/Km]

누설 컨덕턴스 : $G = \frac{1}{R(\text{절연저항})}$ [℧/Km]

06 연가(Trans position)

전선로 각 상의 선로정수를 평형되도록 선로 전체의 길이를 3등분하여 각 상의 위치를 개폐소나 연가철탑을 통하여 바꾸어주는 것

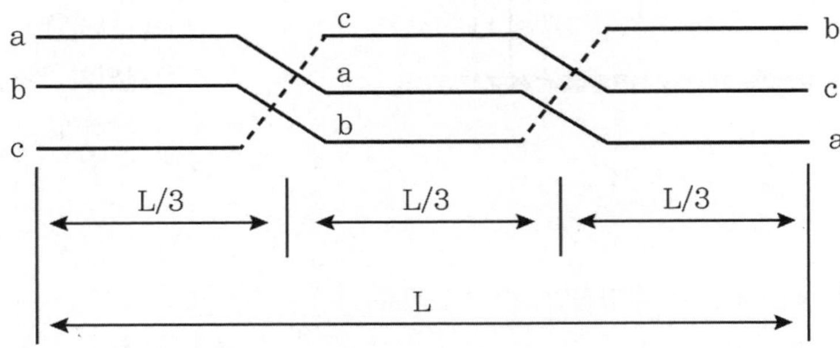

(1) 목적

선로정수 평형(L C 평형) → 무효분 평형 → 각 상의 전압강하 평형 → 각 상의 수전전압 평형 → 중성점의 전압이 0[V]

(2) 연가의 효과

선로정수의 평형, 유도장해의 방지, 직렬공진 방지

제2절 코로나

전선 표면의 전위 경도가 증가하는 경우 전선 주위의 공기의 절연이 부분적으로 파괴되는 현상

(1) 종류(발생지점)

① 기중 코로나 : 전선로 주변에서 파괴
② 엽면 코로나 : 전선로와 애자 접속 주변에서 파괴

(2) 전위경도 극한 파괴전압 : 직류 : 30[KV/cm]

교류 : 21.1[KV/cm]

(3) 임계전압(코로나 방전 개시전압)

임계전압 : $E_0 = 24.3\, m_0\, m_1\, \delta\, d \log_{10} \frac{D}{r} [KV]$

- m_0 : 표면계수
- m_1 : 천후계수
- δ : 공기상대밀도
- d : 전선의 직경[Cm]
- D : 선간거리[m]

(4) 영향

① 코로나 손실로 인한 송전용량 감소(PeeK 식)

코로나 손실 : $P_C = \frac{241}{\delta}(f+25)\sqrt{\frac{d}{2D}}(E-E_0)^2 \times 10^{-5}$[Kw/Km/1선]

② 산화질소(오존) 발생으로 인한 전선의 부식 발생
(오존 + 습기 = 초산(NHO_3) 발생)
③ 잡음으로 인한 전파장해 발생
④ 고주파로 인한 통신선의 유도장해 발생

(5) 방지대책

① 임계전압을 크게 한다.
② 복(다)도체 방식을 채용, 중공연선을 사용한다.
③ 가선금구를 개량한다.
④ 전선의 직경(지름)을 크게 한다.

※ 코로나 발생의 이점 : 송전선에 낙뢰 등으로 이상전압이 들어올 때 이상전압 진행파의 파고값을 코로나의 저항작용으로 빨리 감쇠시킨다.

CHAPTER 02 출제예상문제

01 **송전선로의 선로정수가 아닌 것은 다음 중 어느 것인가?**

① 저항 ② 리액턴스
③ 정전용량 ④ 누설 컨덕턴스

해설
선로정수 : R(저항), L(인덕턴스), G(누설 컨덕턴스), C(정전용량)

02 **송전선로의 저항을 R, 리액턴스를 X라 하면 다음의 어느 식이 성립되는가?**

① R > X ② R < X
③ R = X ④ R ≦ X

해설
송전선로 : 유효분(R, G) < 무효분(L, C)

03 **선로정수에 영향을 가장 많이 주는 것은?**

① 전선의 배치 ② 송전전압
③ 송전전류 ④ 역률

해설
선로정수는 전선의 굵기, 종류, 배치 등의 영향을 받는다.

04 **송・배전선로는 저항 R, 인덕턴스 L, 정전용량 C, 누설 컨덕턴스 G라는 4개의 정수로 이루어진 연속된 전기회로이다. 이들 정수를 선로정수라고 부르는데 이것은 (㉮), (㉯) 등에 따라 정해진다. 다음 중 (㉮), (㉯)에 알맞은 내용은?**

① ㉮ 전압・전선의 종류 ㉯ 역률
② ㉮ 전선의 굵기・전압 ㉯ 전류
③ ㉮ 전선의 배치・전선의 종류 ㉯ 전류
④ ㉮ 전선의 종류・전선의 굵기 ㉯ 전선의 배치

해설
선로정수는 전선의 굵기, 종류, 배치 등의 영향을 받는다.

정답 01 ② 02 ② 03 ① 04 ④

05 송·배전선로에 대한 다음 설명 중 틀린 것은?

① 송·배전선로는 저항, 인덕턴스, 정전용량, 누설 컨덕턴스라는 4개의 정수로 이루어진 연속된 전기회로이다.
② 송·배전선로는 전압강하, 수전전력, 송전손실, 안정도 등을 계산하는 데 선로정수가 필요하다.
③ 장거리 송전선로에 대해서 정밀한 계산을 할 경우에는 분포정수회로로 취급한다.
④ 송·배전선로의 선로정수는 원칙적으로 송전전압, 전류 또는 역률 등에 의해서 영향을 많이 받게 된다.

해설
선로정수는 전선의 굵기, 종류, 배치 등의 영향을 받는다.

06 복도체를 사용하면 송전용량이 증가하는 가장 주된 이유는?

① 코로나가 발생하지 않는다.
② 선로의 작용 인덕턴스는 감소하고 작용 정전용량은 증가한다.
③ 전압강하가 적다.
④ 무효전력이 적어진다.

해설
장점
- 인덕턴스는 감소되고, 정전용량은 증가해서 송전용량을 증대시킬 수 있다.
- 전선표면의 전위 경도를 감소시켜 코로나 개시전압이 높아지므로 코로나 손실을 줄일 수 있다.
- 안정도를 증대시킬 수 있다.
- 전선의 허용전류는 증대한다.

단점
- 정전용량이 커지기 때문에 페란티 현상 발생 → 분로리액터 설치
- 풍압하중, 빙설의 하중으로 진동 발생 → 댐퍼 설치
- 각 소도체 간에 흡입력이 작용하여 단락사고 발생 → 스페이서 설치

정답 05 ④ 06 ②

07 송전선에 복도체를 사용할 경우 같은 단면적의 단도체를 사용하였을 경우와 비교할 때 옳지 않은 것은?

① 전선의 인덕턴스는 감소되고 정전용량은 증가된다.
② 고유 송전용량이 증대되고 정태안정도가 증대된다.
③ 전선표면의 전위 경도가 증가한다.
④ 전선의 코로나 개시전압이 높아진다.

해설
③ 전선표면의 전위 경도가 감소한다.

08 복도체는 같은 단면적의 단도체에 비하여 어떠한가?

① 인덕턴스는 증가하고 정전용량은 감소한다.
② 인덕턴스는 감소하고 정전용량은 증가한다.
③ 인덕턴스, 정전용량이 모두 감소한다.
④ 인덕턴스, 정전용량이 모두 증가한다.

해설
② 인덕턴스는 감소되고, 정전용량은 증가해서 송전용량을 증대시킬 수 있다.

09 복도체에 대한 설명 중 옳지 않은 것은?

① 같은 단면적의 단도체에 비하여 인덕턴스는 감소하고 정전용량은 증가한다.
② 코로나 개시전압이 높고, 코로나 손실이 적다.
③ 단락시 등의 대전류가 흐를 때 소도체 간에 반발력이 생긴다.
④ 같은 전류용량에 대하여 단도체보다 단면적을 적게 할 수 있다.

해설
③ 소도체 간에 흡입력이 생겨 단락사고가 발생한다.

10 송전계통에 복도체가 사용되는 주된 목적은?

① 전력손실의 경감
② 역률 개선
③ 선로정수의 평형
④ 코로나 방지

해설
④ 코로나 손실을 줄일 수 있다.

정답 07 ③ 08 ② 09 ③ 10 ④

11 **복도체에서 2본의 전선이 서로 충돌하는 것을 방지하기 위하여 2본의 전선 사이에 적당한 간격을 두어 설치하는 것은?**

① 아아모로드 ② 댐퍼
③ 아아킹혼 ④ 스페이서

해설

복도체에서 2본의 전선이 서로 충돌하는 것을 방지하기 위하여 2본의 전선 사이에 적당한 간격을 두어 설치하는 것은 스페이서이다.

12 **길이가 35[Km]인 단상 2선식 전선로의 유도 리액턴스는 약 몇 [Ω]인가? (단, 전선로 단위 길이당 인덕턴스는 1.3[mH/Km/선], 주파수는 60[HZ]이다.)**

① 17.6 ② 26.5
③ 34.3 ④ 68.5

해설

유도 리액턴스 : $X_L = 2\omega Ll = 2\times 2\pi fLl = 2\times 2\pi\times 60\times 1.3\times 10^{-3}\times 35 = 34.3[\Omega]$

13 **3상 3선식 가공 송전선로의 선간거리가 각각 D_1, D_2, D_3일 때 등가선간거리는?**

① $\sqrt{D_1D_2+D_2D_3+D_3D_1}$ ② $\sqrt[3]{D_1D_2D_3}$
③ $\sqrt{D_1^2+D_2^2+D_3^2}$ ④ $\sqrt[3]{D_1^2+D_2^2+D_3^2}$

해설

등가선간거리(기하학적 평균거리) $\mathrm{D} = \sqrt[3]{\mathrm{D_1\times D_2\times D_3}}$

14 **전선 a, b, c가 일직선으로 배치되어 있다. a와 b, b와 c 사이의 거리가 각각 5[m]일 때 이 선로의 등가선간거리는 몇 [m]인가?**

① 5 ② 10
③ $5\sqrt[3]{2}$ ④ $5\sqrt{2}$

해설

등가선간거리 : $D = D_1\sqrt[3]{2} = 5\sqrt[3]{2}$[m]

정답 11 ④ 12 ③ 13 ② 14 ③

15 **간격 S인 정4각형 배치의 4도체에서 소선 상호 간의 기하학적 평균거리는?**

① $\sqrt{2}\,S$ ② $\sqrt{S}$ ③ $\sqrt[3]{S}$ ④ $\sqrt[6]{2}\,S$

해설

4도체 등가선간거리 : $D = D_1\sqrt[6]{2}$

4도체 소도체 상호 간 기하학적 평균거리 $S' = S\sqrt[6]{2}$

16 **4각형으로 비치된 4도체 송전선이 있다. 소도체의 반지름이 1[cm]이고 한 변의 길이가 32[cm]일 때 소도체 간의 기하학적 평균거리는 몇 [cm]인가?**

① $32\times2^{\frac{1}{3}}$ ② $32\times2^{\frac{1}{4}}$ ③ $32\times2^{\frac{1}{5}}$ ④ $32\times2^{\frac{1}{6}}$

해설

4도체 등가선간거리 : $D = D_1\sqrt[6]{2} = 32\times2^{\frac{1}{6}}$

17 **그림과 같이 송전선에 4도체인 경우 소선 상호 간의 등가 평균거리는?**

① $\sqrt[2]{2}\,D$ ② $\sqrt[4]{2}\,D$

③ $\sqrt[6]{2}\,D$ ④ $\sqrt[8]{2}\,D$

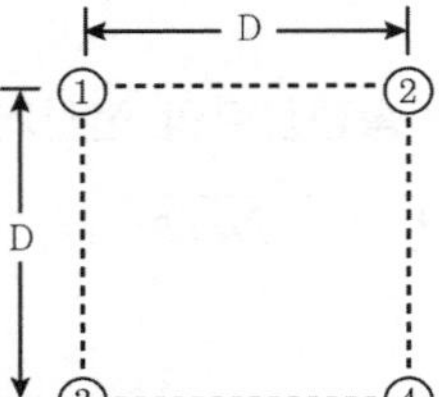

해설

4도체 등가선간거리 $= D\sqrt[6]{2}$

18 **지름이 d[m], 선간거리가 D[m]인 선로 한 가닥의 작용 인덕턴스[mH/Km]는? (단, 선로의 투자율은 1이라 한다.)**

① $0.5+0.4605\log_{10}\dfrac{D}{d}$ ② $0.05+0.4605\log_{10}\dfrac{D}{d}$

③ $0.5+0.4605\log_{10}\dfrac{2D}{d}$ ④ $0.05+0.4605\log_{10}\dfrac{2D}{d}$

해설

인덕턴스 : $L = 0.05+0.4605\log_{10}\dfrac{D}{r} = 0.05+0.4605\log_{10}\dfrac{2D}{d}$ [mH/Km]

정답 15 ④ 16 ④ 17 ③ 18 ④

19 송전선로의 인덕턴스는 등가선간거리 D가 증가하면 어떻게 되는가?

① 증가한다. ② 감소한다.
③ 변하지 않는다. ④ 기하급수적으로 증가한다.

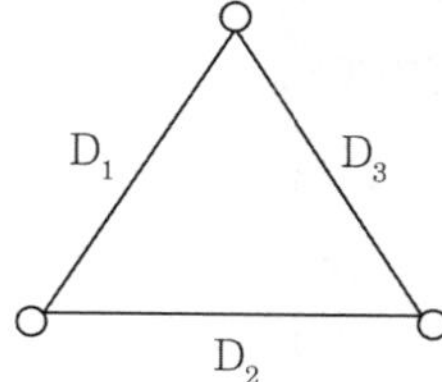

해설

인덕턴스 : $L = 0.05 + 0.4605\log_{10}\frac{D}{r}(L \propto D)$

20 반지름 r[m]인 전선 A, B, C가 그림과 같이 수평으로 D[m] 간격으로 배치되고 3선이 완전 연가된 경우 각 선의 인덕턴스는?

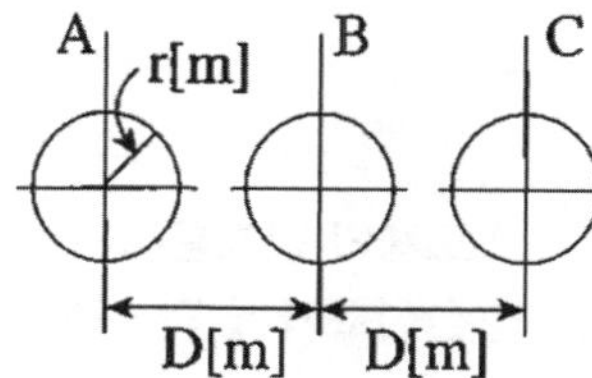

① $L = 0.05 + 0.4605\log_{10}\frac{D}{r}$

② $L = 0.05 + 0.4605\log_{10}\frac{\sqrt{2}\,D}{r}$

③ $L = 0.05 + 0.4605\log_{10}\frac{\sqrt{3}\,D}{r}$

④ $L = 0.05 + 0.4605\log_{10}\frac{\sqrt[3]{2}\,D}{r}$

해설

인덕턴스 : $L = 0.05 + 0.4605\log_{10}\frac{\sqrt[3]{2}\,D}{r}$

21 3상 3선식 송전선에서 바깥 지름 20[mm]의 경동연선을 2[m] 간격으로 일직선수평 배치로 하여 연가를 했을 때 1[Km]마다의 인덕턴스는 약 몇 [mH/Km]인가?

① 1.16 ② 1.32
③ 1.48 ④ 1.64

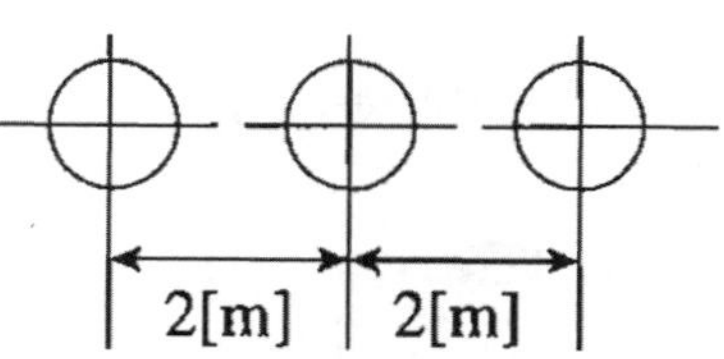

해설

인덕턴스 : $L = 0.05 + 0.4605\log_{10}\frac{\sqrt[3]{2}\,D}{r}$

$= 0.05 + 0.4605\log_{10}\frac{\sqrt[3]{2}\times 2\times 10^3}{10} = 1.156$[mH/Km]

정답 19 ① 20 ④ 21 ①

22 430[mm²]의 ACSR(반지름 r = 14.6[mm])이 그림과 같이 배치되어 완전 연가된 송전선로가 있다. 인덕턴스는 몇 [mH/Km]이겠는가? (단, 지표상의 높이는 이도의 영향을 고려한 것이다.)

① 1.34
② 1.39
③ 1.44
④ 1.49

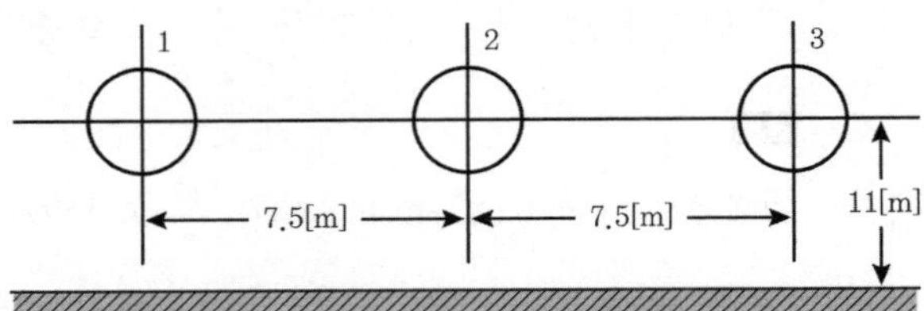

해설

인덕턴스 : $L = 0.05 + 0.4605\log_{10}\dfrac{\sqrt[3]{2}\,D}{r}$

$= 0.05 + 0.4605\log_{10}\dfrac{\sqrt[3]{2}\times 7.5\times 10^3}{14.6} = 1.3445$[mH/Km]

23 소도체의 반지름이 r[m], 소도체 간의 선간거리가 d[m]인 2개의 소도체를 사용한 345[KV] 송전선로가 있다. 복도체의 등가 반지름은?

① $\sqrt{rd}$
② $\sqrt{rd^2}$
③ $\sqrt{r^2d}$
④ rd

해설

복도체 등가 반지름 : $r' = \sqrt{rd}$

24 전선의 반지름 r[m], 소도체 간의 거리 l[m]인 복도체의 인덕턴스 L = 0.4605P + 0.025 [mH/Km]이다. 이 식에서 P에 해당되는 값은?

① $\log_{10}\dfrac{D}{\sqrt{rl}}$
② $\log_e\dfrac{D}{\sqrt{rl}}$
③ $\log_{10}\dfrac{l}{\sqrt{rD}}$
④ $\log_e\dfrac{l}{\sqrt{rD}}$

해설

인덕턴스(복도체) : $L = 0.025 + 0.4605\log_{10}\dfrac{D}{r'}$

$= 0.025 + 0.4605\log_{10}\dfrac{D}{\sqrt{rl}}$

정답 22 ① 23 ① 24 ①

25 **복도체 선로에서 소도체의 지름이 8[mm]이고 소도체 사이의 간격이 40[cm]일 때 등가 반지름은 몇 [cm]인가?**

① 2.6 ② 3.6 ③ 4.0 ④ 5.7

해설

복도체 등가 반지름 : $r' = \sqrt{rd} = \sqrt{0.4 \times 40} = 4$

26 **송전선의 정전용량은 선간거리를 D, 전선의 반지름을 r이라 할 때 다음 중 옳은 것은?**

① $\log_{10}\frac{D}{r}$에 비례한다. ② $\log_{10}\frac{D}{r}$에 반비례한다.

③ $\log_{10}\frac{r}{D}$에 반비례한다. ④ $\log_{10}\frac{r}{D}$에 반비례한다.

해설

정전용량 : $C = \frac{0.02413}{\log_{10}\frac{D}{r}}$[μF/km] $(C \propto \frac{1}{\log_{10}\frac{D}{r}})$

27 **선간거리가 2D[m]이고 선로 도선의 지름이 d[m]인 선로의 단위길이당 정전용량은 몇 [μF/Km]인가?**

① $\frac{0.02413}{\log_{10}\frac{4D}{d}}$ ② $\frac{0.02413}{\log_{10}\frac{2D}{d}}$ ③ $\frac{0.02413}{\log_{10}\frac{D}{d}}$ ④ $\frac{0.2413}{\log_{10}\frac{4D}{d}}$

해설

정전용량 : $C = \frac{0.02413}{\log_{10}\frac{D}{r}} = \frac{0.02413}{\log_{10}\frac{4D}{d}}$(선간거리가 2D, 지름이 d이므로)

28 **송전선로의 정전용량은 등가선간거리 D가 증가하면 어떻게 되는가?**

① 증가한다. ② 감소한다.

③ 변하지 않는다. ④ 기하급수적으로 증가한다.

D_1 D_3 D_2

해설

정전용량 : $C = \frac{0.02413}{\log_{10}\frac{D}{r}}$[μF/km] $(C \propto \frac{1}{\log_{10}\frac{D}{r}})$

정답 25 ③ 26 ② 27 ① 28 ②

29 **단상 2선식 배전선로에서 대지정전용량을 C_s, 선간 정전용량을 C_m이라 할 때 작용 정전용량 C는?**

① $C_s + C_m$　　② $C_s + 2C_m$

③ $2C_s + C_m$　　④ $C_s + 3C_m$

해설

단상 2선식 작용 정전용량 : $C = C_S + 2C_m$

30 **3상 3선식에서 대지정전용량을 C_s, 선간 정전용량을 C_m, 허용 정전용량을 C라 할 때 상호 간의 관계는?**

① $C = C_s + C_m$　　② $C = C_s + 2C_m$

③ $C = C_s + 3C_m$　　④ $C = 3C_s + C_m$

해설

3상 3선식 작용 정전용량 : $C = C_S + 3C_m$

31 **3상 3선식 송전선로에서 각 선의 대지정전용량이 0.5096[㎌]이고 선간 정전용량이 0.1295[㎌]일 때 1선의 작용 정전용량은 몇 [㎌]인가?**

① 0.6391　　② 0.7689　　③ 0.8981　　④ 1.5288

해설

작용 정전용량 : $C = C_S + 3C_m = 0.5096 + 3 \times 0.1295 = 0.8981$[㎌/Km]

32 **60[HZ], 154[KV], 길이 100[Km]인 3상 송전선로에서 대지정전용량 C_s = 0.005[㎌/Km], 전선 간의 상호 정전용량 C_m = 0.0014[㎌/Km]일 때 1선에 흐르는 충전전류는 약 몇 [A]인가?**

① 17.8　　② 30.8　　③ 34.4　　④ 53.4

해설

충전전류 : $I_C = \omega CEl = 2\pi f(C_S + 3C_m)\dfrac{V}{\sqrt{3}}l$

$$= 2\pi \times 60 \times (0.005 + 3 \times 0.0014) \times 10^{-6} \times \frac{154 \times 10^3}{\sqrt{3}} \times 100$$

$= 30.8$[A]

정답 29 ② 30 ③ 31 ③ 32 ②

33 22[KV], 60[HZ] 1회선의 3상 송전선에서 무부하 충전전류를 구하면 약 몇 [A]인가? (단, 송전선의 길이는 20[Km]이고 1선당 정전용량은 0.5[㎌]이다.)

① 12 ② 24 ③ 36 ④ 48

해설

충전전류 : $I_C = \omega CEl = 2\pi fC\frac{V}{\sqrt{3}}l = 2\pi \times 60 \times 0.5 \times 10^{-6} \times \frac{22 \times 10^3}{\sqrt{3}} \times 20 = 48$[A]

34 정전용량이 C[F]의 콘덴서를 △결선해서 3상 전압 V[V]를 가했을 때의 충전용량과 같은 전원을 Y결선으로 했을 때의 충전용량(△결선/Y결선)은?

① $\frac{1}{\sqrt{3}}$ ② $\frac{1}{3}$ ③ $\sqrt{3}$ ④ 3

해설

Y결선 → △결선 ($\frac{\triangle}{Y}$) : 3배

35 3상의 같은 전원에 접속하는 경우 △ 결선의 콘덴서를 Y결선으로 바꾸어 연결하면 진상용량은 몇 배가 되는가?

① $\sqrt{3}$ ② $\frac{1}{\sqrt{3}}$ ③ 3 ④ $\frac{1}{3}$

해설

△결선 → Y결선 ($\frac{Y}{\triangle}$) : $\frac{1}{3}$배

36 어떤 콘덴서 3개를 선간전압 3,300[V], 주파수 60[HZ]의 선로에 △로 접속하여 60[KVA]가 되도록 하려면 콘덴서 1개의 정전용량은 약 [㎌]인가?

① 0.5 ② 5 ③ 50 ④ 500

해설

충전용량 : $Q_C = 3EI_C = 3E\omega CE$ 이므로

정전용량 : $C = \frac{Q_C}{3E^2\omega} = \frac{60 \times 10^3}{3 \times 3{,}300^2 \times 2\pi \times 60} \times 10^6$

$= 4.874$[㎌]

정답 33 ④ 34 ④ 35 ④ 36 ②

37 **현수애자 4개를 1련으로 한 66[KV] 송전선로가 있다. 현수애자 1개의 절연저항은 1500[MΩ]이고, 선로의 경간이 200[m]라면 선로 1[Km]당의 누설 컨덕턴스는 몇 [℧]인가?**

① 0.83×10^{-9} ② 0.83×10^{-6}
③ 0.83×10^{-3} ④ 0.83×10^{-2}

해설

누설 컨덕턴스 : $G = \dfrac{1}{\text{절연저항}} = \dfrac{1}{\dfrac{1{,}500\times10^{6}\times 4\text{개}}{5\text{련}}} = 0.8333\times10^{-9}[℧]$

38 **선로정수를 전체적으로 평형되게 하고 근접 통신선에 대한 유도장해를 줄일 수 있는 방법은?**

① 딥(dip)을 준다. ② 연가를 한다.
③ 복도체를 사용한다. ④ 소호리액터를 한다.

해설

연가 목적 : 선로정수 평형, 통신선 유도장해 방지, 직렬공진 방지

39 **연가를 하여도 효과가 없는 것은?**

① 직렬공진의 방지 ② 통신선의 유도장해 감소
③ 작용 정전용량의 감소 ④ 각 상의 임피던스 평형

해설

연가 목적 : 선로정수 평형, 통신선 유도장해 방지, 직렬공진 방지

40 **3상 3선식 송전선로를 연가하는 주된 목적은?**

① 전압강하를 방지하기 위하여
② 송전선을 절약하기 위하여
③ 고도를 표시하기 위하여
④ 선로정수를 평형시키기 위하여

해설

3상 3선식 송전선로를 연가하는 주된 목적은 선로정수를 평형시키기 위해서이다.

정답 37 ① 38 ② 39 ③ 40 ④

41 **표준 상태의 기온 기압하에서 공기의 절연이 파괴되는 전위 경도는 정현파 교류의 실효값 [KV/cm]으로 얼마인가?**

① 40　　② 30　　③ 21　　④ 12

해설

교류 전위경도 극한 파괴전압 = 21[KV/cm]

42 **3상 3선식 송전선로에서 코로나 임계전압 E_0[KV]는?**

① $E_0 = 24.3 d\log_{10}\frac{D}{r}$

② $E_0 = 24.3 d\log_{10}\frac{r}{D}$

③ $E_0 = \frac{24.3}{dlog_{10}\frac{D}{r}}$

④ $E_0 = \frac{24.3}{dlog_{10}\frac{r}{D}}$

해설

임계전압 : $E_0 = 24.3\, m_0\, m_1\, \delta\, d\log_{10}\frac{D}{r} = 24.3\, d\log_{10}\frac{D}{r}$

43 **송전선로 코로나 임계전압이 높아지는 경우가 아닌 것은?**

① 상대공기 밀도가 적다.

② 전선의 반지름과 선간거리가 크다.

③ 날씨가 맑다.

④ 낡은 전선을 새 전선으로 교체하였다.

해설

임계전압 : $E_0 = 24.3\, m_0\, m_1\, \delta\, d\log_{10}\frac{D}{r} = 24.3\, d\log_{10}\frac{D}{r}$

정답 41 ③ 42 ① 43 ①

44 송전선로에서 코로나 임계전압이 높아지는 경우는?

① 온도가 높아지는 경우 ② 상대공기 밀도가 작을 경우
③ 전선의 지름이 큰 경우 ④ 기압이 낮은 경우

해설

③ 전선 직경을 크게 한다.

45 코로나 현상에 대한 설명 중 틀린 것은?

① 코로나 현상은 전력의 손실을 일으킨다.
② 코로나 방전에 의하여 전파 장해가 일어난다.
③ 전선 부식의 원인이 된다.
④ 코로나 손실은 전원 주파수의 제곱에 비례한다.

해설

코로나 손실 : $P_C = \frac{241}{\delta}(f+25)\sqrt{\frac{d}{2D}}(E-E_0)^2 \times 10^{-5}$

∴ f 비례

46 1선 1[Km]당의 코로나 손실 P[KW]를 나타내는 Peek 식을 구하면?

① $P = \frac{241}{\delta}(f+25)\sqrt{\frac{d}{2D}}(E-E_0)^2 \times 10^{-5}$

② $P = \frac{241}{\delta}(f+25)\sqrt{\frac{2D}{d}}(E-E_0)^2 \times 10^{-5}$

③ $P = \frac{241}{\delta}(f+25)\sqrt{\frac{d}{2D}}(E-E_0)^2 \times 10^{-3}$

④ $P = \frac{241}{\delta}(f+25)\sqrt{\frac{2D}{d}}(E-E_0)^2 \times 10^{-3}$

해설

코로나 손실 : $P_C = \frac{241}{\delta}(f+25)\sqrt{\frac{d}{2D}}(E-E_0)^2 \times 10^{-5}$

정답 44 ③ 45 ④ 46 ①

47 **송전선로의 코로나 손실을 나타내는 Peek 식에서 E_0에 해당하는 것은?**

$$P = \frac{241}{\delta}(f+25)\sqrt{\frac{d}{2D}}(E-E_0)^2 \times 10^{-5}[KW/Km/선]$$

① 코로나 임계전압
② 전선에 걸리는 대지전압
③ 송전단 전압
④ 기준 충격 절연 강도 전압

해설

E_0 : 임계전압

48 **다음 중 코로나 손실에 대한 설명으로 옳은 것은?**

① 전선의 대지전압의 제곱에 비례한다.
② 상대 공기밀도에 비례한다.
③ 전원 주파수의 제곱에 비례한다.
④ 전선의 대지전압과 코로나 임계전압의 차의 제곱에 비례한다.

해설

코로나 손실 : $P_C = \frac{241}{\delta}(f+25)\sqrt{\frac{d}{2D}}(E-E_0)^2 \times 10^{-5}$

$\therefore P_C \propto (E-E_0)$

49 **코로나 방지에 가장 효과적인 방법은?**

① 선간거리를 증가시킨다.
② 전선의 높이를 가급적 낮게 한다.
③ 전선표면의 전위 경도를 높인다.
④ 전선의 바깥 지름을 크게 한다.

해설

코로나 방지책
㉠ 임계전압을 크게 한다.
㉡ 복(다)도체 방식을 채용, 중공연선을 사용한다.
㉢ 가선금구를 개량한다.
㉣ 전선의 직경(지름)을 크게 한다.

정답 47 ① 48 ④ 49 ④

50 코로나 방지에 가장 효과적인 방법은?

① 선간거리를 증가시킨다.
② 전선의 높이를 가급적 낮게 한다.
③ 선로의 절연을 강화시킨다.
④ 복도체를 사용한다.

해설

코로나 방지에 가장 효과적인 방법은 복도체 방식을 사용하는 것이다.

51 지중선 계통을 가공선 계통에 비교하였을 때 옳은 것은?

① 인덕턴스, 정전용량이 모두 크다.
② 인덕턴스, 정전용량이 모두 작다.
③ 인덕턴스는 크고 정전용량은 작다.
④ 인덕턴스는 작고 정전용량은 크다.

해설

지중전선로는 가공전선로보다 인덕턴스는 작고, 정전용량은 크다.

52 가공송전선의 코로나 임계전압에 영향을 미치는 여러 가지 인자에 대한 설명 중 틀린 것은?

① 전선표면이 매끈할수록 임계전압이 낮아진다.
② 날씨가 흐릴수록 임계전압은 낮아진다.
③ 기압이 낮을수록, 온도가 높을수록 임계전압은 낮아진다.
④ 전선의 반지름이 클수록 임계전압은 높아진다.

해설

코로나 임계전압

$$E_0 = 24.3 m_0 m_1 \delta d \log_{10}\frac{D}{r} \,[\text{kV}]$$

여기서 m_0는 전선계수를 말하며 매끈할수록 m_0의 값이 커지므로 임계전압이 높아진다.

정답 50 ④ 51 ④ 52 ①

chapter

03

송전특성 및 전력 원선도

03 CHAPTER 송전특성 및 전력 원선도

제1절 송전선로의 특성 값 계산

단거리 송전선로 : 50Km 이하 → Z만 존재 : R, L이 선로 중앙에 집중된 집중정수회로
중거리 송전선로 : 50~100Km 이하 → ZY 존재(小) : R, L, C가 선로 중앙에 집중된 집중정수회로
장거리 송전선로 : 100Km 이상 → ZY 존재(大) : R, L, C, G가 선로 전체에 분포된 분포정수회로

01 단거리 송전선로 : Z = R + jX (R, L이 선로 중앙에 집중된 집중정수회로로 해석)

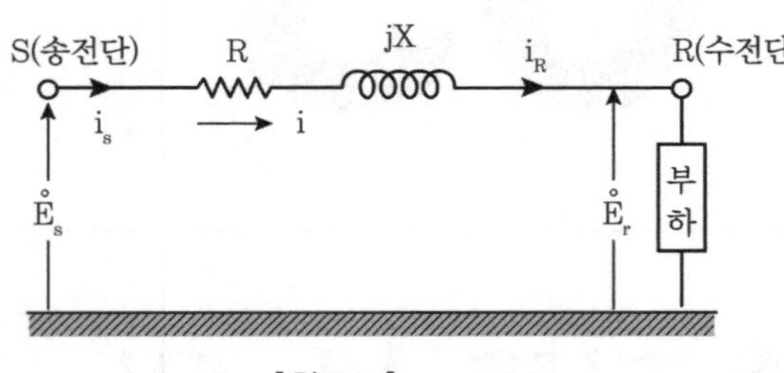

[회로도]

V_s : 송전단 전압
V_r : 수전단 전압

$E_S = E_r + e = E_r + I\ (R\cos\theta + X\sin\theta)$

(1) 송전단 전압 : $V_s = V_r + e = V_r + \sqrt{3}I(R\cos\theta + X\sin\theta)$

(2) 전압 강하 : $e = V_s - V_r = \sqrt{3}I(R\cos\theta + X\sin\theta) = \dfrac{P}{V}(R + X\tan\theta)$ $(e \propto I \propto \dfrac{1}{V})$

	전압 강하식		전등부하($\cos\theta$=1)
1상	1선당	$2I(R\cos\theta + X\sin\theta)$	$2IR$
	왕복선	$I(R\cos\theta + X\sin\theta)$	IR
3상	1선당	$\sqrt{3}I(R\cos\theta + X\sin\theta)$	

(3) 전압 강하율 : $\delta = \dfrac{e}{V_r} \times 100[\%]$ $(\delta \propto \dfrac{1}{V^2})$

(4) 전압 변동율 : $\epsilon = \dfrac{V_{r0} - V_r}{V_r} \times 100[\%]$

V_{r0} : 수전단 무부하시 전압, V_r : 수전단 전부하(부하)시 전압

(5) 전력 공식

① 송전단 전력 : $P_s = P_r + P_\ell$

② 수전단 전력 : $P_r = \sqrt{3}\, V I \cos\theta$

③ 전력손실 : $P_\ell = 3I^2R = \dfrac{P^2R}{V^2\cos^2\theta} = \dfrac{P^2\rho\ell}{V^2\cos^2\theta A}$ $\begin{cases} P_\ell = \dfrac{1}{V^2} \\ P_\ell = \dfrac{1}{\cos^2\theta} \\ A = \dfrac{1}{V^2} \\ 중량(W) = \dfrac{1}{(V\cos\theta)^2} \end{cases}$

※ 전력손실 : $P_\ell \begin{cases} 1\phi : 2I^2R \\ 3\phi : 3I^2R \end{cases}$

④ 전력손실률 : $K = \dfrac{P_\ell}{P_r} \times 100 = \dfrac{PR}{V^2\cos^2\theta}$ (R과 $\cos\theta$ 일정)

$K = \dfrac{P}{V^2}$ 에서 전력 : $P = KV^2$ (K : 일정)

02 중거리 송전선로 : Z, Y(小) 존재 → 송수전단에 각 $\frac{1}{2}$씩 존재(T형, π형 해석)

(1) 4단자 정수 (A, B, C, D)

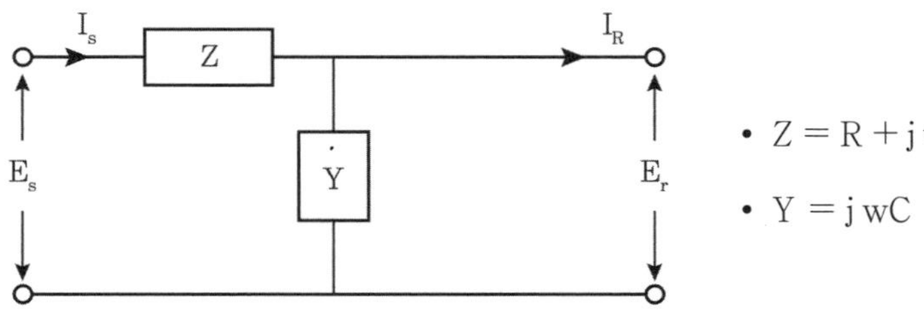

- $Z = R + jwL$
- $Y = jwC$

① 4단자 정수 관계식 $\begin{cases} A = D \\ AD - BC = 1 \end{cases}$

② 전파 방정식 $\begin{cases} E_S = AE_R + BI_R \\ I_S = CE_R + DI_R \end{cases}$

③ 단일 소자의 4단자 정수

- Z만 존재할 때 $\begin{pmatrix} A & B \\ C & D \end{pmatrix} = \begin{pmatrix} 1 & Z \\ 0 & 1 \end{pmatrix}$

A:전압비　B:임피던스비
C:어드미턴스비　D:전류비

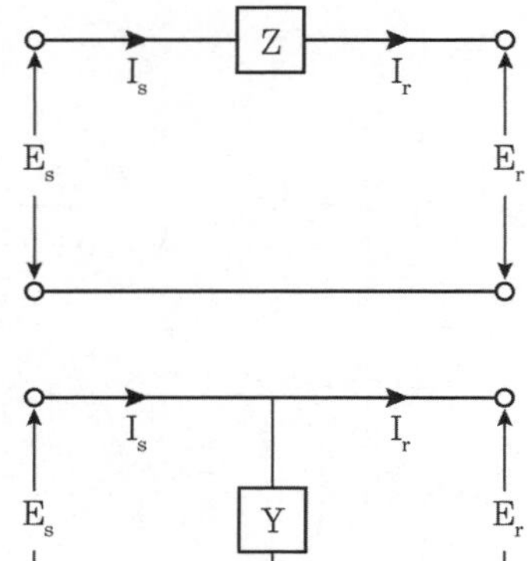

- Y만 존재할 때 $\begin{pmatrix} A & B \\ C & D \end{pmatrix} = \begin{pmatrix} 1 & 0 \\ Y & 1 \end{pmatrix}$

(2) T형 회로

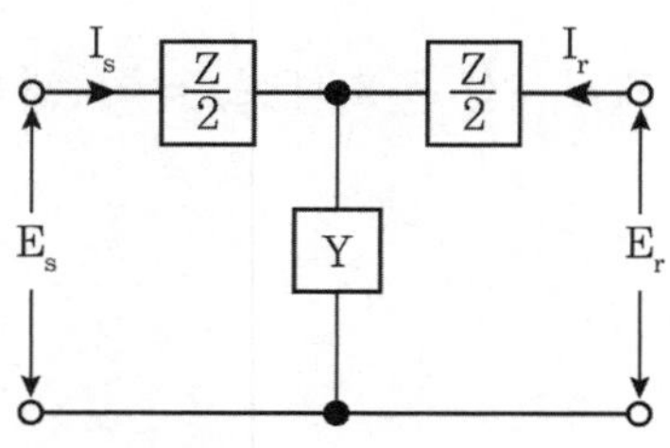

$$\begin{pmatrix} A & B \\ C & D \end{pmatrix} = \begin{pmatrix} 1 & \frac{Z}{2} \\ 0 & 1 \end{pmatrix} \begin{pmatrix} 1 & 0 \\ Y & 1 \end{pmatrix} \begin{pmatrix} 1 & \frac{Z}{2} \\ 0 & 1 \end{pmatrix}$$

$$\begin{pmatrix} A & B \\ C & D \end{pmatrix} = \begin{pmatrix} 1+\frac{ZY}{2} & Z\left(1+\frac{ZY}{4}\right) \\ Y & 1+\frac{ZY}{2} \end{pmatrix}$$

(3) π형 회로

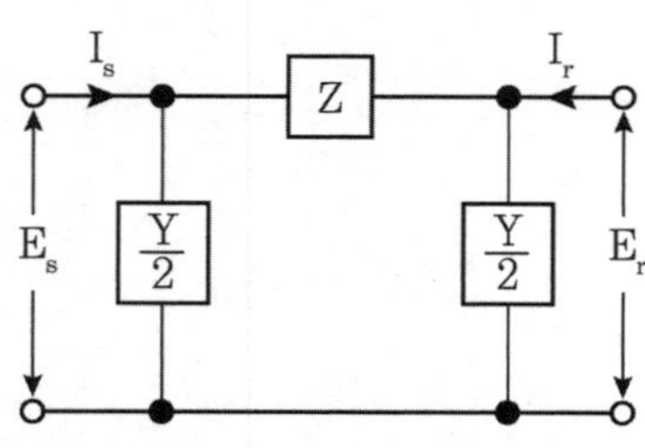

$$\begin{pmatrix} A & B \\ C & D \end{pmatrix} = \begin{pmatrix} 1 & 0 \\ \frac{Y}{2} & 1 \end{pmatrix} \begin{pmatrix} 1 & Z \\ 0 & 1 \end{pmatrix} \begin{pmatrix} 1 & 0 \\ \frac{Y}{2} & 1 \end{pmatrix}$$

$$\begin{pmatrix} A & B \\ C & D \end{pmatrix} = \begin{pmatrix} 1+\frac{ZY}{2} & Z \\ Y\left(1+\frac{ZY}{4}\right) & 1+\frac{ZY}{2} \end{pmatrix}$$

(4) 시험법

① 단락시험 : $E_R=0$ $\begin{cases} E_S = AE_R + BI_R \rightarrow I_R = \dfrac{E_S}{B} \text{ 에서} \\ I_S = CE_R + DI_R \rightarrow I_S = DI_R \end{cases}$

$\therefore\ I_{SS} = \dfrac{D}{B}E_S$

② 무부하(개방) 시험 : $I_R=0$ $\begin{cases} E_S = AE_R + BI_R \rightarrow E_R = \dfrac{E_S}{A} \text{ 에서} \\ I_S = CE_R + DI_R \rightarrow I_S = CE_R \end{cases}$

$\therefore\ I_{S0} = \dfrac{C}{A}E_S$

※ 송전선로(3상 2회선 = 병행2회선 = 다회선) 방식 : 선로의 병렬운전(송전선로 안정운전)

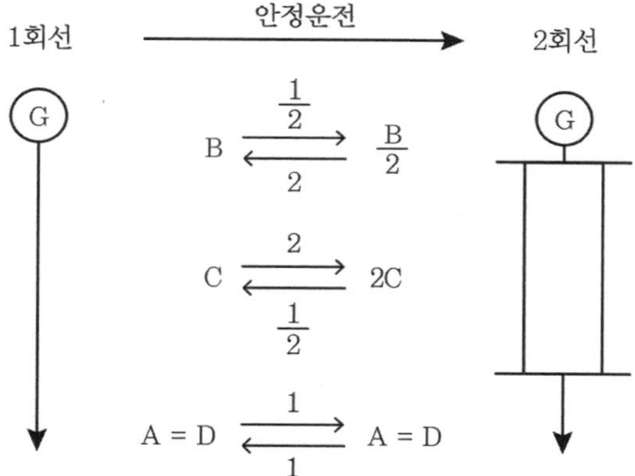

03 장거리 송전선로 : Z, Y(大) 존재 → 선로에 고르게 분포 → 분포정수회로

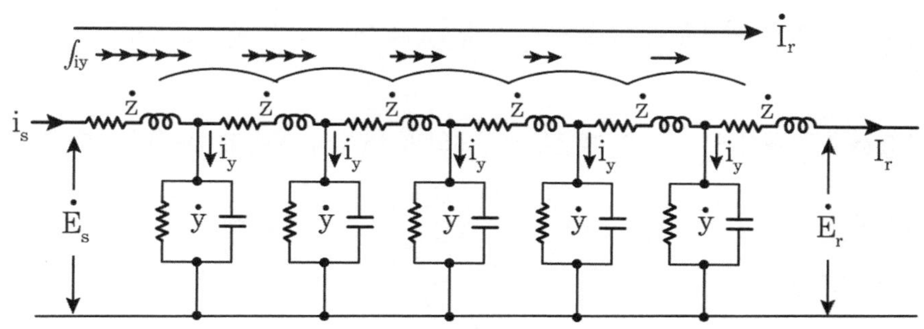

L : 1, 2, 3, 4 ···

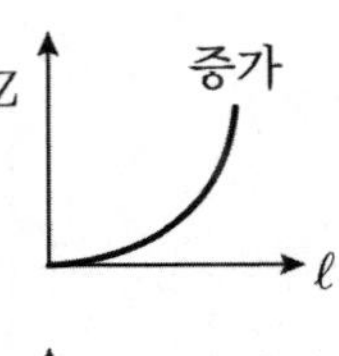

Z : 5, 10, 15, 20 ···

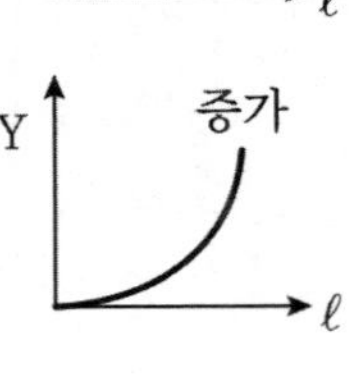

Y : 1, 2, 3, 4 ···

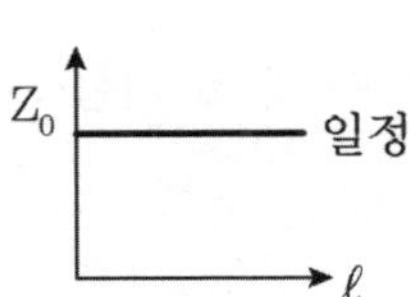

Z_0 : 5, 5, 5, 5 ···························· ≠ L(일정)

$X = X_l - X_c$: 4, 8, 12, 16 ········· 함수(증가)

(1) 특성(파동, 서지) 임피던스 : 진행파에 대한 전압전류의 비로 전파방정식에서의 정수 중 어드미턴스에 대한 임피던스의 비

특성(파동) 임피던스 : $Z_0 = \sqrt{\dfrac{Z}{Y}} = \sqrt{\dfrac{(R + j\omega L)}{(G + j\omega C)}} = \sqrt{\dfrac{L}{C}} = 138\log_{10}\dfrac{D}{r} \neq \ell$ (일정)

※ $\log_{10}\dfrac{D}{r} = \dfrac{Z_0}{138}$ 를 대입하면

가. 인덕턴스 계산 : $L = 0.4605\dfrac{Z_0}{138}$ [mH/Km]

나. 정전용량 계산 : $C = \dfrac{0.02413}{\dfrac{Z_0}{138}}$ [μF/Km]

※ 선로의 길이와 관계없이 일정하며 일반적으로 300~500[Ω] 정도이다.

(2) 전파정수 : 진행파가 선로를 진행할 때 전압과 전류의 진폭과 위상이 변화하는 특성

① 전파정수 : $\gamma = \sqrt{ZY} = \sqrt{(R + j\omega L)(G + j\omega C)} = j\omega\sqrt{LC} = \omega\sqrt{LC}$

② 직렬 임피던스 : $Z = \gamma Z_0 = \sqrt{ZY} \cdot \sqrt{\dfrac{Z}{Y}} = \sqrt{Z^2} = Z$

(3) **전파속도** : $V = \frac{\omega}{\gamma} = \frac{\omega}{\omega\sqrt{LC}} = \frac{1}{\sqrt{LC}} = 3 \times 10^8\,[m/s]$

※ 인덕턴스 : $L = \frac{Z_0}{v} = \frac{\sqrt{\frac{L}{C}}}{\frac{1}{\sqrt{LC}}} = \sqrt{\frac{L}{C}} \cdot \sqrt{LC} = \sqrt{L^2} = L$

04 송전전압 및 송전용량 계산

(1) **송전전압 계산** : Still식 → 경제적인 송전전압 결정식

$$V_S = 5.5\sqrt{0.6\ell + \frac{P}{100}}\ [KV] \begin{cases} P : 송전용량[KW] \\ \ell : 선로의\ 길이[Km] \end{cases}$$

(2) **송전용량 계산**

① **고유 부하법** : 수전단을 특성 임피던스로 단락한 상태에서의 전력
(선로의 길이에 관계없이 전압 크기만을 고려)

$$P = \frac{V_r^2}{Z_0} = \frac{V_r^2}{\sqrt{\frac{L}{C}}}\ [MW/회선] \begin{cases} P : 고유\ 송전\ 용량[MW] \\ Z_0 : 선로의\ 특성\ 임피던스[\Omega] \\ V_r : 수전단\ 선간전압[KV] \end{cases}$$

② **송전용량 계수법** : 선로의 길이와 전압 크기 모두 고려

$$P = K\frac{V_r^2}{\ell}\ [KW]$$

$$= \frac{송전용량계수 \times (수전단전압)^2}{송전거리} \begin{cases} V_r : 수전단\ 선간전압[KV] \\ \ell : 송전거리[Km] \\ K : 송전\ 용량\ 계수 \end{cases}$$

- 전압 계급별 K값 $\begin{cases} 60[KV] : 600 \\ 100[KV] : 800 \\ 140[KV] : 1200 \end{cases}$

③ 송전용량 계산 : $P_s = \frac{E_r E_s}{X} \sin\delta [MW] \begin{cases} \delta : 상차각(부하각) \\ X : 리액턴스[\Omega] \rightarrow 손실(송전효율) \\ \quad (X = X_L - X_C : 조상설비용량) \\ P_S : 송전용량[MW] \end{cases}$

$\delta = 90°$ 일 때 최대전력(정태안정극한전력) : $P_m = \frac{E_r E_s}{X}[MW]$

제2절 전력 원선도

전력 원선도의 정의 –
- 송, 수전단 전압의 크기를 일정하게 하고
- 송, 수전단 전압 상차각만을 변화시켰을 때
- 유효전력 및 무효전력이 어떻게 흐르는가를 알기 위한 것

(1) 전력원선도의 반지름 : $R = \frac{E_R E_S}{B}$

(2) 전력 원선도 가로축과 세로축이 나타내는 것
: 유효전력, 무효전력

(3) 전력 원선도를 이용하여 구할 수 있는 것
: 유효전력, 무효전력, 피상전력, 역률, 전력손실, 조상설비 용량

(4) 알 수 없는 것 : 과도안정 극한전력, 코로나 손실

(5) 원선도 작성에 필요한 것 : 송, 수전단 전압, 선로 일반회로 정수

(6) 원선도 작성에 필요 없는 것 : 역률, 충전전류

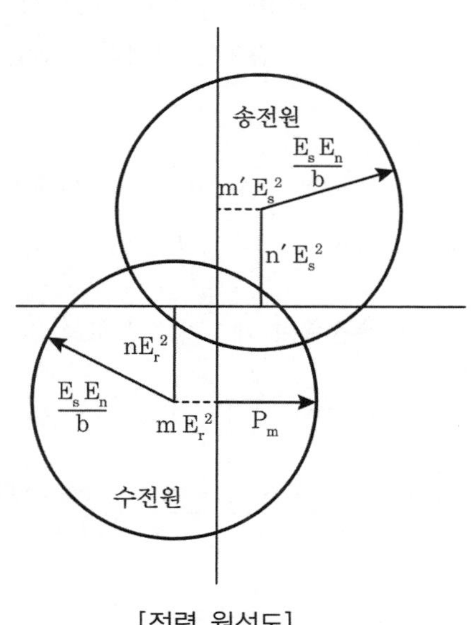

[전력 원선도]

03 CHAPTER 출제예상문제

01 늦은 역률의 부하를 갖는 단거리 송전선로의 전압강하의 근사식은? (단, P는 3상 부하전력[KW], E는 선간 전압[KV], R은 선로저항[Ω], X는 리액턴스[Ω], θ는 부하의 늦은 역률각이다.)

① $\frac{\sqrt{3}P}{E}(R + X\tan\theta)$　② $\frac{P}{\sqrt{3}E}(R + X\tan\theta)$

③ $\frac{P}{E}(R + X\tan\theta)$　④ $\frac{P}{\sqrt{3}E}(R\cos\theta + X\sin\theta)$

해설

전압강하 : $e = V_s - V_r = \frac{P}{V}(R + X\tan\theta)$

단상 : $e = I(R\cos\theta + X\sin\theta)$

3상 : $e = \sqrt{3}I(R\cos\theta + X\sin\theta)$

02 배전선로의 전압강하율을 나타내는 식이 아닌 것은?

① $\frac{I}{E_R}(R\cos\theta + X\sin\theta) \times 100[\%]$　② $\frac{\sqrt{3}I}{E_R}(R\cos\theta + X\sin\theta) \times 100[\%]$

③ $\frac{E_S - E_R}{E_R} \times 100[\%]$　④ $\frac{E_S + E_R}{E_R} \times 100[\%]$

해설

전압강하율 : $\delta = \frac{E_S - E_R}{E_R} \times 100[\%]$

03 송전선로의 전압변동률 식 $\epsilon = \frac{V_{R1} - V_{R2}}{V_{R2}} \times 100[\%]$에서 V_{R1}은 무엇에 해당하는가?

① 무부하시 송전단 전압　② 부하시 송전단 전압

③ 무부하시 수전단 전압　④ 전부하시 수전단 전압

해설

V_{R1} : 무부하시 수전단 전압, V_{R2} : 전부하시 수전단 전압

정답 01 ③ 02 ④ 03 ③

04 송전단 전압이 3.4[KV], 수전단 전압이 3.0[KV]인 배전선로에서 수전단의 부하를 끊은 경우의 수전단 전압이 3.2[KV]로 되었다면 이때의 전압변동률은 몇 [%]인가?

① 5.88 ② 6.25 ③ 6.67 ④ 11.76

해설

전압변동률 : $\epsilon = \frac{V_{r0} - V_r}{V_r} \times 100 = \frac{3.2 - 3}{3} \times 100 = 6.67[\%]$

05 3상 수전단 전압이 60,000[V], 전류 100[A], 선로 저항이 8[Ω], 리액턴스 12[Ω]일 때 전압강하율은 약 몇 [%]인가? (단, 수전단의 역률은 0.8이다.)

① 2.91 ② 3.46 ③ 3.93 ④ 4.27

해설

$$\text{전압강하율} : \delta = \frac{e}{V_r} \times 100 = \frac{\sqrt{3}\, I(R\cos\theta + X\sin\theta)}{V_r} \times 100$$

$$= \frac{\sqrt{3} \times 100 \times (8 \times 0.8 + 12 \times 0.6)}{60{,}000} \times 100 = 3.93[\%]$$

06 3상 수전단 전압이 60,000[V], 전류 200[A], 선로 저항이 7.61[Ω], 리액턴스 11.85[Ω]일 때 전압강하율은 약 몇 [%]인가? (단, 수전단의 역률은 0.8이다.)

① 6.51 ② 7.62 ③ 8.42 ④ 9.43

해설

$$\text{전압강하율} : \delta = \frac{e}{V_r} \times 100 = \frac{\sqrt{3}\, I(R\cos\theta + X\sin\theta)}{V_r} \times 100$$

$$= \frac{\sqrt{3} \times 200 \times (7.61 \times 0.8 + 11.85 \times 0.6)}{60{,}000} \times 100 = 7.62[\%]$$

07 3상 3선식 선로에서 수전단 전압 6.6[KV], 역률 80[%](지상), 600[KVA]의 3상 평형부하가 연결되어 있다. 선로 임피던스 R = 3[Ω], X = 4[Ω]인 경우 송전단 전압은 약 몇 [V]인가?

① 6,957 ② 7,037 ③ 6,852 ④ 7,543

정답 04 ③ 05 ③ 06 ② 07 ②

해설

송전단 전압 : $V_s = V_r + e = V_r + \sqrt{3}I(R\cos\theta + X\sin\theta)$

$$= 6,600 + \sqrt{3} \times \frac{600 \times 0.8 \times 10^3}{\sqrt{3} \times 6,600} \times (3 \times 0.8 + 4 \times 0.6) = 7,037[V]$$

08 3상 3선식 송전선에서 한 선의 저항이 15[Ω], 리액턴스가 20[Ω]이고, 수전단 선간전압은 30[KV], 부하역률이 0.8인 경우, 전압강하율을 10[%]라 하면 이 송전선로는 몇 [KW]까지 수전할 수 있는가?

① 2,400 ② 2,700 ③ 3,000 ④ 3,400

해설

전압강하율 : $\delta = \frac{e}{V_r} = \frac{P}{V_r^2}(R + X\tan\theta)$이므로

$$0.1 = \frac{P}{30,000^2} \times (15 + 20 \times \frac{0.6}{0.8})$$

$$\therefore P = \frac{0.1 \times 30,000^2}{(15 + 20 \times \frac{0.6}{0.8})} \times 10^{-3} = 3,000[KW]$$

09 3상 선로의 전압 V[V]이고, P[KW], 역률 $\cos\theta$의 부하에서 한 선의 저항이 R[Ω]이라면 이 3상 선로의 전체 전력손실은 몇 [KW]가 되겠는가?

① $\frac{PR}{\sqrt{3}V^2\cos^2\theta}$ ② $\frac{P^2R^2}{V^2\cos^2\theta}$ ③ $\frac{PR^2}{V\cos^2\theta}$ ④ $\frac{P^2R}{V^2\cos^2\theta}$

해설

전력손실 : $P_\ell = \frac{P^2R}{V^2\cos^2\theta}$

10 154[KV] 송전선로의 전압을 345[KV]로 승압하고 같은 손실률로 송전한다고 가정하면 송전전력은 승압 전의 약 몇 배 정도 되겠는가?

① 2 ② 3 ③ 4 ④ 5

해설

송전전력 : $P \propto V^2$이므로 $\therefore P = (\frac{345}{154})^2 = 5$배

정답 08 ③ 09 ④ 10 ④

11 **배전전압을 3,000[V]에서 5,200[V]로 높일 때 전선이 같고, 배전 손실률도 같다고 하면 수송전력[KW]은 몇 배로 증가시킬 수 있는가?**

① $\sqrt{3}$ 배 ② 3배 ③ 5.4배 ④ 6배

해설

송전전력 : $P \propto V^2$ 이므로 $\therefore P = (\frac{5,200}{3,000})^2 = 3$배

12 **배전전압을 $\sqrt{3}$ 배로 하였을 때 같은 손실율로 보낼 수 있는 전력은 몇 배가 되는가?**

① $\frac{1}{4}$ ② $\sqrt{3}$ ③ 3 ④ 4

해설

송전전력 : $P \propto V^2$이므로 $\therefore P = (\sqrt{3})^2 = 3$배

13 **부하역률 $\cos\theta$ 인 배전선로의 저항손실과 같은 크기의 부하전력에서 역률 1일 때 저항 손실과 비교하면? (단, 수전단의 전압은 일정하다.)**

① 1 ② $\frac{\sqrt{3}}{\cos\theta}$ ③ $\frac{1}{\cos\theta}$ ④ $\frac{1}{\cos^2\theta}$

해설

전력손실 : $P_\ell = \frac{P^2R}{V^2\cos\theta^2}$ 이므로 $\therefore P_\ell \propto \frac{1}{\cos\theta^2}$

14 **부하전력 및 역률이 같을 때 전압을 N배 승압하면 전압강하율과 전력손실은 어떻게 되는가?**

① 전압강하율 : $\frac{1}{n}$, 전력손실 : $\frac{1}{n^2}$ ② 전압강하율 : $\frac{1}{n^2}$, 전력손실 : $\frac{1}{n}$

③ 전압강하율 : $\frac{1}{n}$, 전력손실 : $\frac{1}{n}$ ④ 전압강하율 : $\frac{1}{n^2}$, 전력손실 : $\frac{1}{n^2}$

해설

전압강하율 : $\rho \propto \frac{1}{V^2}$, 전력손실 : $P_\ell \propto \frac{1}{V^2}$에서 전압을 n배 증가시키면

전압강하율 : $\frac{1}{n^2}$배, 전력손실 : $\frac{1}{n^2}$배

정답 11 ② 12 ③ 13 ④ 14 ④

15 **송전거리, 전력, 손실률 및 역률이 일정하다면 전선의 굵기는?**

① 전류에 비례한다.
② 전압에 제곱에 비례한다.
③ 전류에 반비례한다.
④ 전압의 제곱에 반비례한다.

해설

전선굵기 : $A \propto \frac{1}{V^2}$

16 **3상 3선식에서 일정한 거리에 일정한 전력을 송전할 경우 선로에서의 저항손은?**

① 선간전압에 비례한다.
② 선간전압에 반비례한다.
③ 선간전압의 2승에 비례한다.
④ 선간전압의 2승에 반비례한다.

해설

전력손실 : $P_\ell \propto \frac{1}{V^2}$

17 **송전선로의 일반 정수회로가 A = 0.7, B = j190, D = 0.9라 하면 C의 값은?**

① $-j1.95\times10^{-3}$
② $j1.95\times10^{-3}$
③ $-j1.95\times10^{-4}$
④ $j1.95\times10^{-4}$

해설

$AD - BC = 1$에서 $C = \frac{AD-1}{B} = \frac{0.7\times0.9-1}{j190} = j1.95\times10^{-3}$

18 **송전단의 전압, 전류를 각각 E_S, I_S, 수전단의 전압, 전류를 각각 E_R, I_R이라 하고 4단자 정수를 A, B, C, D라 할 때 다음 중 옳은 식은?**

① $E_S = AE_R + BI_R$, $I_S = CE_R + DI_R$
② $E_S = CE_R + DI_R$, $I_S = AE_R + BI_R$
③ $E_S = BE_R + AI_R$, $I_S = DE_R + CI_R$
④ $E_S = DE_R + CI_R$, $I_S = BE_R + AI_R$

정답 15 ④ 16 ④ 17 ② 18 ①

해설

전파 방정식 $\begin{cases} E_S = AE_R + BI_R \\ I_S = CE_R + DI_R \end{cases}$

19 **회로상태가 그림과 같은 회로의 일반정수 B는?**

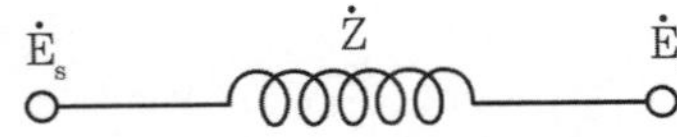

① 0　　② Z

③ 1　　④ $\frac{1}{2}Z$

해설

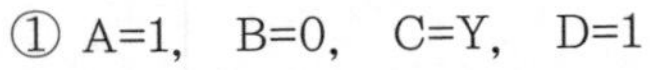
Z만 존재할 때 $\begin{pmatrix} A & B \\ C & D \end{pmatrix} = \begin{pmatrix} 1 & Z \\ 0 & 1 \end{pmatrix}$ ∴ B = Z

20 **그림과 같은 회로에서 4단자 정수 A, B, C, D는? (단, E_S, I_S는 송전단 전압, 전류이고, E_R, I_r는 수전단 전압, 전류, Y는 병렬 어드미턴스이다.)**

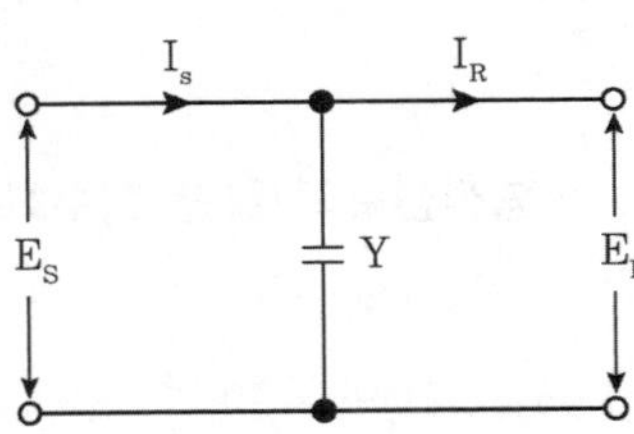

① A=1, B=0, C=Y, D=1

② A=1, B=Y, C=O, D=1

③ A=1, B=Y, C=1, D=0

④ A=1, B=0, C=0, D=1

해설

Y만 존재할 때 $\begin{pmatrix} A & B \\ C & D \end{pmatrix} = \begin{pmatrix} 1 & 0 \\ Y & 1 \end{pmatrix}$

21 **일반 회로정수가 A, B, C, D인 선로에 임피던스 $\frac{1}{Z_T}$인 변압기가 수전단에 접속된 계통의 일반회로 정수 중 D_0는?**

① $D_0 = \frac{C + DZ_T}{Z_T}$　　② $D_0 = \frac{C + AZ_T}{Z_T}$

③ $D_0 = \frac{D + CZ_T}{Z_T}$　　④ $D_0 = \frac{B + AZ_T}{Z_T}$

정답 19 ② 20 ① 21 ①

해설

$$\begin{pmatrix} A_0 & B_0 \\ C_0 & D_0 \end{pmatrix} = \begin{pmatrix} A & B \\ C & D \end{pmatrix} \begin{pmatrix} 1 & Z_T \\ 0 & 1 \end{pmatrix} =$$

$$\begin{pmatrix} A & \frac{A}{Z_T}+B \\ C & \frac{C}{Z_T}+D \end{pmatrix} \text{에서 } D_0 = CZ_T + D = \frac{C + DZ_T}{Z_T}$$

22 중거리 송전선로의 T형 회로에서 송전단 전류 I_S는? (단, Z, Y는 선로의 직렬 임피던스와 병렬 어드미턴스이고, E_r은 수전단 전압, I_r은 수전단 전류이다.)

① $I_r(1+\frac{ZY}{2})+YE_r$

② $E_r(1+\frac{ZY}{2})+ZI_r(1+\frac{ZY}{4})$

③ $E_r(1+\frac{ZY}{2})+ZI_r$

④ $I_r(1+\frac{ZY}{2})+YE_r(1+\frac{ZY}{4})$

해설

T형회로 4단자정수 $\begin{pmatrix} A & B \\ C & D \end{pmatrix} = \begin{pmatrix} 1+\frac{ZY}{2} & Z(1+\frac{ZY}{4}) \\ Y & 1+\frac{ZY}{2} \end{pmatrix}$에서 $C=Y,\ D=1+\frac{ZY}{2}$

송전단 전류 : $I_S = CE_r + DI_r = YE_r + (1+\frac{ZY}{2})I_r$

23 그림과 같이 정수가 서로 같은 평형 2회선에서 일반회로 정수 C_0는 얼마인가?

① $\frac{C_1}{4}$ ② $\frac{C_1}{2}$

③ $2C_1$ ④ $4C_1$

A₁, B₁, C₁, D₁ (병렬 2회선 블록)

해설

$C_0 = 2C_1$

정답 22 ① 23 ③

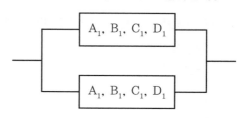

24 2회선의 송전선로가 있다. 사정에 의하여 그중 1회선을 정지시켰다면 이 송전선로의 일반회로 정수 B의 크기는 어떻게 되는가?

① 변화가 없다.
② $\frac{1}{2}$로 된다.
③ 2배로 된다.
④ 4배로 된다.

해설

$B = 2B_0$ ∴ 2배

25 그림과 같은 정수가 서로 같은 평행 2회선 송전선로의 4단자 정수 중 B에 해당되는 것은?

① $2B_1$
② $4B_1$
③ $\frac{1}{2}B_1$
④ $\frac{1}{4}B_1$

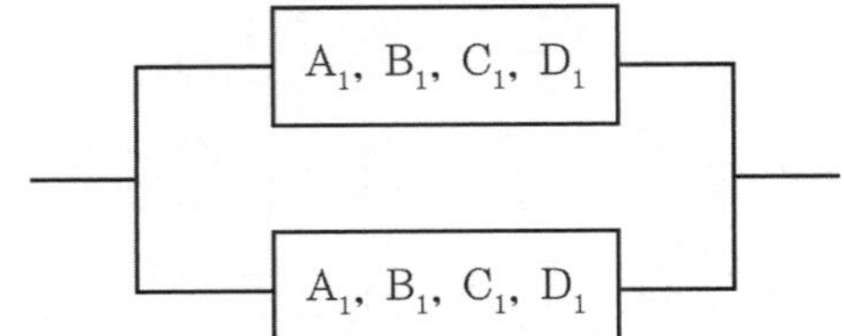

해설

$B = \frac{1}{2}B_1$

26 일반회로정수가 A, B, C, D이고 송전단 상전압이 E_s인 경우, 무부하시의 충전 전류(송전단 전류)는?

① $\frac{C}{A}E_S$
② ACE_S
③ $\frac{A}{C}E_S$
④ CE_S

해설

무부하 시험시 송전단 전류 : $I_S = \frac{C}{A}E_S$

27 장거리 송전선로는 일반적으로 어떤 회로로 취급하여 회로를 해석하는가?

① 분산부하회로
② 집중정수회로
③ 분포정수회로
④ 특성임피던스회로

해설

장거리 송전선로는 분포정수회로로 해석한다.

정답 24 ③ 25 ③ 26 ① 27 ③

28 선로의 특성 임피던스에 대한 설명으로 옳은 것은?

① 선로의 길이가 길어질수록 값이 커진다.
② 선로의 길이가 길어질수록 값이 작아진다.
③ 선로의 길이와 선로의 재질에 영향이 크다.
④ 선로의 길이에 관계가 없다.

해설

특성 임피던스는 선로의 길이와 무관하다.

29 송전선의 특성 임피던스는 저항과 누설 컨덕턴스를 무시하면 어떻게 표시되는가? (단, L은 선로의 인덕턴스, C는 선로의 정전용량이다.)

① $\sqrt{\frac{L}{C}}$ ② $\sqrt{\frac{C}{L}}$ ③ $\frac{L}{C}$ ④ $\frac{C}{L}$

해설

특성 임피던스 : $Z_0 = \sqrt{\frac{Z}{Y}} = \sqrt{\frac{L}{C}}$

30 가공송전선의 정전용량이 0.008[㎌/Km]이고, 인덕턴스가 1.1[mH/Km]일 때 파동 임피던스는 약 몇 [Ω]이 되겠는가? (단, 주어지지 않은 기타정수는 무시한다.)

① 350 ② 370 ③ 390 ④ 410

해설

특성 임피던스 : $Z_0 = \sqrt{\frac{L}{C}} = \sqrt{\frac{1.1 \times 10^{-3}}{0.008 \times 10^{-6}}} = 370[\Omega]$

31 수전단을 단락한 경우 송전단에서 본 임피던스는 300[Ω]이고, 수전단을 개방한 경우 송전단에서 본 어드미턴스가 1.875×10^{-3}[℧]일 때 송전선의 특성 임피던스는 몇 [Ω]인가?

① 약 200 ② 약 300 ③ 약 400 ④ 약 500

해설

특성 임피던스 : $Z_0 = \sqrt{\frac{Z}{Y}} = \sqrt{\frac{300}{1.875 \times 10^{-3}}} \fallingdotseq 400[\Omega]$

정답 28 ④ 29 ① 30 ② 31 ③

32 **수전단을 단락한 경우 송전단에서 본 임피던스는 300[Ω]이고 수전단을 개방한 경우에는 1,200[Ω]일 때 이 선로의 특성 임피던스는 몇 [Ω]인가?**

① 300 ② 600 ③ 250 ④ 320

해설

특성 임피던스 : $Z_0 = \sqrt{\frac{Z}{Y}} = \sqrt{\frac{300}{\frac{1}{1,200}}} = 600[\Omega]$

33 **파동 임피던스가 500[Ω]인 가공 송전선 1[Km]당의 인덕턴스 L과 정전용량 C는 얼마인가?**

① L = 1.67[mH/Km], C = 0.0067[μF/Km]

② L = 2.12[mH/Km], C = 0.167[μF/Km]

③ L = 1.67[H/Km], C = 0.0067[F/Km]

④ L = 0.0067[mH/Km], C = 1.67[μF/Km]

해설

인덕턴스 : $L = 0.4605 \frac{Z_0}{138} = 0.4605 \times \frac{500}{138} = 1.67$[mH/Km]

정전용량 : $C = \frac{0.02413}{\frac{Z_0}{138}} = \frac{0.02413}{\frac{500}{138}} = 0.0067$[μF/Km]

34 **단위 길이당 임피던스 Z, 어드미턴스 Y인 송전선의 전파정수는?**

① $\sqrt{\frac{Y}{Z}}$ ② $\sqrt{\frac{Z}{Y}}$ ③ $\sqrt{\frac{1}{ZY}}$ ④ $\sqrt{ZY}$

해설

전파정수 : $\gamma = \sqrt{ZY}$

정답 32 ② 33 ① 34 ④

35 **송전선로의 특성 임피던스를 Z_0, 전파정수를 α라 할 때 이 선로의 직렬 임피던스는 어떻게 표현되는가?**

① $Z_0\alpha$ ② $\frac{Z_0}{\alpha}$ ③ $\frac{\alpha}{Z_0}$ ④ $\frac{1}{Z_0\alpha}$

해설

직렬 임피던스 : $Z = Z_0\alpha$

36 **파동 임피던스가 500[Ω]인 가공송전선 1[Km]당의 인덕턴스는 몇 [mH/Km]인가?**

① 1.67 ② 2.67 ③ 3.67 ④ 4.67

해설

인덕턴스 : $L = 0.4605\frac{Z_0}{138} = 0.4605 \times \frac{500}{138} = 1.67$[mH/Km]

37 **송전선로의 송전단 전압을 E_S, 수전단 전압을 E_R, 송수전단 전압 사이의 위상차를 δ, 선로의 리액턴스를 X라면, 선로저항을 무시할 때 송전전력 P는 어떤 식으로 표시되는가?**

① $P = \frac{E_S - E_R}{X}$ ② $P = \frac{(E_S - E_R)^2}{X}$

③ $P = \frac{E_S E_R}{X}\sin\delta$ ④ $P = \frac{E_S E_R}{X}\tan\delta$

해설

송전전력 : $P_S = \frac{E_S E_R}{X}\sin\delta$[MW]

38 **송전선로의 정상상태 극한 송전전력은 선로 리액턴스와 대략 어떤 관계가 성립하는가?**

① 송수전단 사이의 선로 리액턴스에 비례한다.
② 송수전단 사이의 선로 리액턴스에 반비례한다.
③ 송수전단 사이의 선로 리액턴스의 자승에 비례한다.
④ 송수전단 사이의 선로 리액턴스의 자승에 반비례한다.

해설

송전전력 : $P_S = \frac{E_S E_R}{X}\sin\delta$[MW]

정답 35 ① 36 ① 37 ③ 38 ②

39 **송전단 전압 161[KV], 수전단 전압 154[KV], 상차각 60도, 리액턴스가 45[Ω]일 때 선로 손실을 무시하면 송전전력은 약 몇 [MW]인가?**

① 397 ② 477
③ 563 ④ 624

해설

송전전력 : $P_S = \dfrac{E_S E_r}{X} \sin\delta = \dfrac{161 \times 154}{45} \sin 60^\circ = 477[\mathrm{MW}]$

40 **전송전력이 400[MW], 송전거리가 200[Km]인 경우의 경제적인 송전전압은 약 몇 [KV]인가? (단, still식에 의하여 산정한다.)**

① 58 ② 173
③ 353 ④ 645

해설

송전전압 : $V_S = 5.5\sqrt{0.6\ell + \dfrac{P}{100}} = 5.5 \times \sqrt{0.6 \times 200 + \dfrac{400 \times 10^3}{100}} = 353[\mathrm{KV}]$

41 **송전선로의 송전용량을 결정할 때 송전용량계수법에 의한 수전전력을 나타낸 식은?**

① $수전전력 = \dfrac{송전용량계수 \times (수전단\ 선간전압)^2}{송전거리}$

② $수전전력 = \dfrac{송전용량계수 \times 수전단\ 선간전압}{송전거리}$

③ $수전전력 = \dfrac{송전용량계수 \times (송전거리)^2}{수전단선간거리}$

④ $수전전력 = \dfrac{송전용량계수 \times (수전단전류)^2}{송전거리}$

해설

수전전력 : $P = \dfrac{송전\ 용량계수 \times (수전단\ 선간전압)^2}{송전거리}$

정답 39 ② 40 ③ 41 ①

42 정전압 송전방식에서 전력 원선도를 그리려면 무엇이 주어져야 하는가?

① 송·수전단 전압, 선로의 일반회로 정수
② 송·수전단 역률, 선로의 일반회로 정수
③ 조상기 용량, 수전단 전압
④ 송전단 전압, 수전단 전류

해설
전력 원선도 : 송·수전단 전압, 4단자 정수(일반회로 정수)

43 다음 중 전력 원선도에서 알 수 없는 것은?

① 전력
② 역률
③ 손실
④ 코로나 손실

해설
전력 원선도로 구할 수 없는 것 : 과도안정 극한전력, 코로나 손실

44 전력 원선도의 가로축과 세로축은 각각 다음 중 어느 것을 나타내는가?

① 전압과 전류
② 전압과 전력
③ 전류와 전력
④ 유효전력과 무효전력

해설
전력 원선도의 가로축과 세로축 : 유효전력과 무효전력

45 전력 원선도에서 구할 수 없는 것은?

① 송·수전할 수 있는 최대 전력
② 필요한 전력을 보내기 위한 송·수전단 전압 간의 상차각
③ 선로 손실과 송전 효율
④ 과도 극한전력

해설
전력 원선도
구할 수 없는 값 : 코로나 손실, 과도 극한전력

정답 42 ① 43 ④ 44 ④ 45 ④

46 **수전단 전력 원선도의 전력 방정식이 $P_r^2+(Q_r+400)^2=250,000$으로 표현되는 전력계통에서 가능한 최대로 공급할 수 있는 부하전력(P_r)과 이때 전압을 일정하게 유지하는 데 필요한 무효전력(Q_r)은 각각 얼마인가?**

① $P_r=500,\ Q_r=-400$
② $P_r=400,\ Q_r=500$
③ $P_r=300,\ Q_r=100$
④ $P_r=200,\ Q_r=-300$

해설

전력원선도

최대로 공급하는 전력이 되므로 $Q_r=0$이 되어야 한다.

따라서 $P_r^2=250,000$이 되어야 한다.

따라서 $P_r=500,\ Q_r=-400$이 되어야 한다.

47 **배전선로의 전압을 3[kV]에서 6[kV]로 승압하면 전압강하율(δ)은 어떻게 되는가? (단, δ_{3kV}는 전압이 3[kV]일 때 전압강하율이고, δ_{6kV}는 전압이 6[kV]일 때 전압강하율이고, 부하는 일정하다고 한다.)**

① $\delta_{6kV}=\frac{1}{2}\delta_{3kV}$
② $\delta_{6kV}=\frac{1}{4}\delta_{3kV}$
③ $\delta_{6kV}=2\delta_{3kV}$
④ $\delta_{6kV}=4\delta_{3kV}$

해설

전압강하율 δ

$\delta\propto\frac{1}{V^2}$의 관계를 같으므로 전압이 2배 상승하였으므로 $\delta_{6kV}=\frac{1}{4}\delta_{3kV}$가 된다.

48 **수전단의 전력원 방정식이 $P_r^2+(Q_r+400)^2=250,000$으로 표현되는 전력계통에서 조상설비 없이 전압을 일정하기 유지하면서 공급할 수 있는 부하전력은?(단, 부하는 무유도성이다.)**

① 200 ② 250 ③ 300 ④ 350

해설

전력원선도

$P_r^2+(Q_r+400)^2=250,000$에서 무유도성은 $Q_r=0$

$P_r^2+400^2=250,000$

$P_r=300$

정답 46 ① 47 ② 48 ③

chapter

04

중성점 접지와 유도장해

04 CHAPTER 중성점 접지와 유도장해

01 중성점 접지의 목적

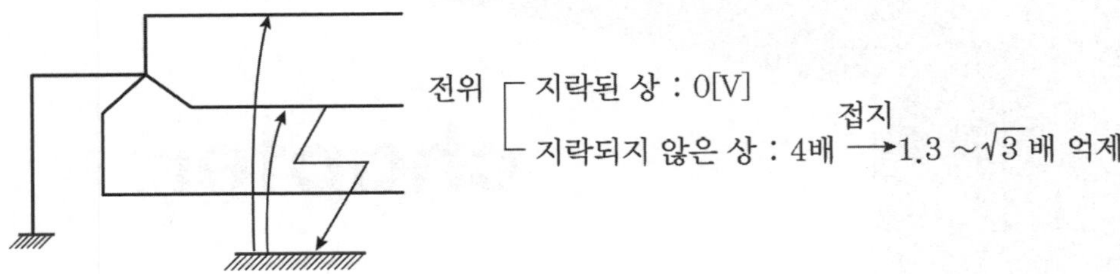

① 1선 지락시 전위상승을 억제하여 기계기구의 절연을 보호한다.
② 단절연이 가능하므로 기기값이 저렴하다.
③ 과도 안정도가 증진된다.
④ 보호 계전기의 동작이 신속하다.

02 중성점 접지방식 종류

① $Z_n \fallingdotseq 0$(직접접지)
② $Z_n = R$(저항접지)
③ $Z_n = jX_L$(소호리액터 접지)

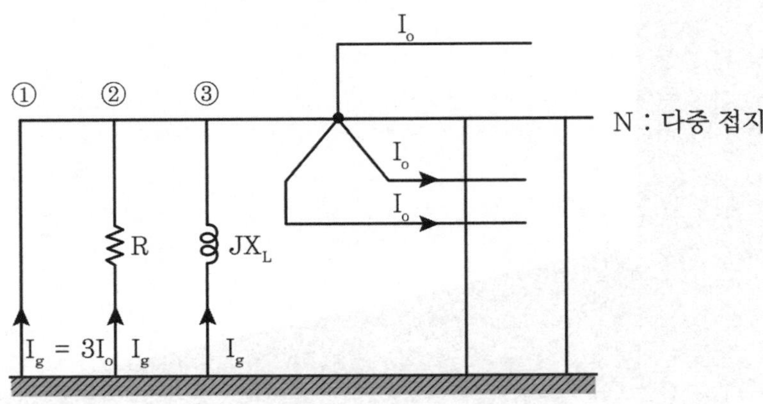

④ 비접지 $Z_n = \infty$

종류	전위상승	지락전류	보호 계전기 동작	통신선의 유도장해	과도 안정도	절연레벨
직접접지	1.3배(小)	최대	가장 확실	최대	최소 (고속 차단 재폐로방식)	최저 단절연 가능
고저항 접지	약간 크다. 비접지보다 작다	중간정도	확실	중간정도	중간정도	비접지보다 낮다 (전절연)
비접지	$\sqrt{3}$ 배	작다(송전 거리가 길면 크다)	곤란	작다	크다	최고 (전절연)
소호리액터 접지	$\sqrt{3}$ 이상 (大)	최소	불가능	최소	크다	비접지보다 낮다 (전절연)

(1) 비접지 방식(△ 결선) : 저전압 단거리 20~30[KV] 이하 → 제3고조파 제거

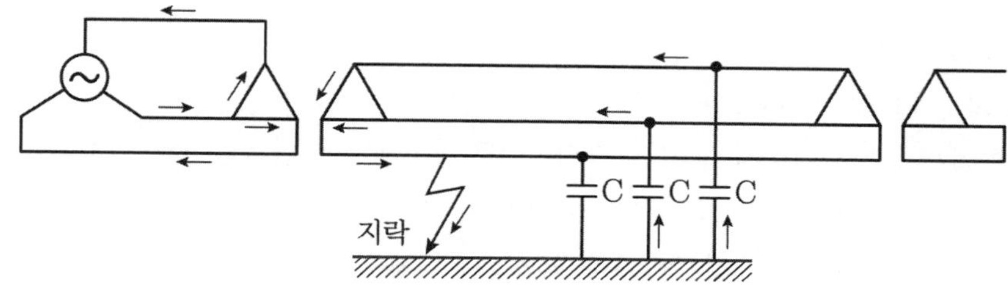

① 전위상승 : $\sqrt{3}$ 배

② 지락전류 : $I_g = \dfrac{E}{Z} = \dfrac{\frac{V}{\sqrt{3}}}{\frac{1}{j3\omega C_S}} = j3\omega C_s \dfrac{V}{\sqrt{3}} = j\sqrt{3}\,\omega C_s V\,[A]$

③ △ 결선운전 중 1대 고장시 V결선 운전가능

- △결선 출력 : $3 \times P_{1\phi}$
- V 결선 출력 : $P_v = \sqrt{3}\,P_{1\phi}$
- 이용률 $= \dfrac{\sqrt{3}}{2} = 0.866$
- 출력비 $= \dfrac{1}{\sqrt{3}} = 0.577$

(2) 직접접지 방식 : 154[KV] 이상 → 우리나라 접지 방식

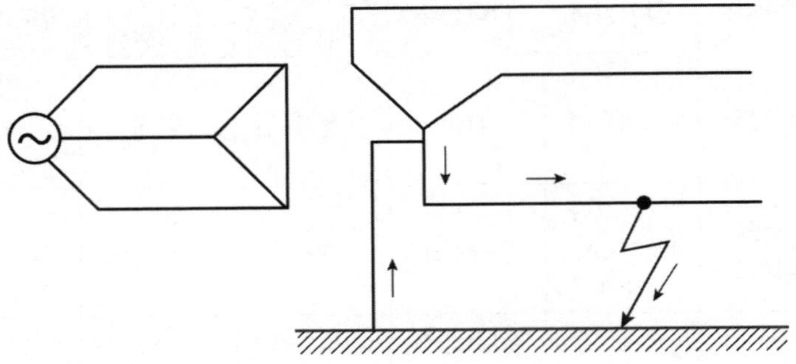

① 장점

㉠ 1선 지락시 전위상승이 가장 낮다.

㉡ 선로 및 기기의 절연레벨 경감(변압기 단절연이 가능)

㉢ 기기값이 저렴하여 경제적이다.

㉣ 보호 계전기의 동작이 신속, 확실하다.

② 단점

㉠ 1선 지락시 지락전류가 최대

㉡ 영상분 전류로 인한 통신선의 유도장해가 가장 크다.

㉢ 대용량 차단기가 필요하다.

㉣ 과도 안정도가 나쁘다.

③ 유효접지 : 1선 지락시 건전상 전위상승을 평상시 Y전압의 1.3배 이하가 되도록 중성점 임피던스를 조절하는 접지방식 ⇒ 75% : 건전상 전위상승이 75%~80% 이상 상승하지 않도록 하는 방식

$$\therefore \text{ 유효접지 조건식 } \begin{cases} R_0 \leqq X_1 & \rightarrow \dfrac{R_0}{X_1} \leqq 1 \\ 0 \leqq X_0 \leqq 3X_1 & \rightarrow 0 \leqq \dfrac{X_0}{X_1} \leqq 3 \end{cases}$$

(3) 저항접지

$$\begin{cases} \text{저저항 } R : 30[\Omega] \\ \text{고저항 } R : 100 \sim 1000[\Omega] \end{cases} \qquad I_g = \frac{E}{R} = \frac{\frac{V}{\sqrt{3}}}{R}$$

(4) 소호리액터 접지방식(Petersen coil 접지방식) : L-C 병렬공진 → 지락전류 제거

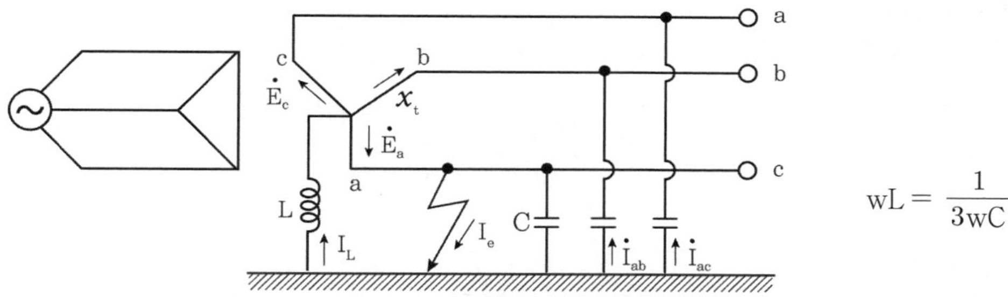

$$wL = \frac{1}{3wC}$$

① **장점**

㉠ 1선 지락전류가 적으므로 계속적인 송전가능

㉡ 과도 안정도가 좋다.

㉢ 통신선의 유도장해가 적다.

㉣ 고장이 스스로 복구(순간정전인 경우)

② **단점**

㉠ 보호 계전기 동작이 불확실

㉡ 단선 고장시 직렬공진에 의한 이상전압 발생

③ **합조도** : 리액터의 탭이 완전공진에서 벗어난 정도 $P = \frac{I_L - I_C}{I_C} \times 100[\%]$

㉠ 과보상 : $I_L > I_C \ (\omega L < \frac{1}{3\omega C}) \ \rightarrow \ P = +$

㉡ 부족보상 : $I_L < I_C \ (\omega L > \frac{1}{3\omega C}) \ \rightarrow \ P = -$

㉢ 완전공진 : $I_L = I_C \ (\omega L = \frac{1}{3\omega C}) \rightarrow \ P = 0$

④ **병렬 공진식** : $X_L + \frac{X_t}{3} = \frac{1}{3\omega C_S}$

㉠ 소호리액터의 리액턴스 : $X_L = \frac{1}{3\omega C_S} - \frac{X_t}{3} \fallingdotseq \frac{1}{3\omega C_S}[\Omega]$

㉡ 소호리액터의 인덕턴스 : $L = \frac{1}{3\omega^2 C_S} - \frac{X_t}{3\omega} \fallingdotseq \frac{1}{3\omega^2 C_S}[H]$

㉢ 소호리액터의 용량 : $Q_L = Q_C = 3\omega C_S E^2 \times 10^{-3}[KVA]$
(3선 대지일괄 정전용량과 같다.)

※ 잔류전압(이상전압, 영상전압) : Y결선된 변압기 중성점을 대지와 접지하지 않고 운전시 중성점과 대지와 나타나는 전위를 말한다.

$$\begin{cases} \text{정상운전시} : C_a = C_b = C_c \rightarrow E_n = 0 \\ \text{연가의 불충분시, 지락시} : C_a \neq C_b \neq C_c \rightarrow E_n \neq 0 \end{cases}$$

- 잔류전압 : $E_n = \dfrac{\sqrt{C_a(C_a - C_b) + C_b(C_b - C_c) + C_c(C_c - C_a)}}{C_a + C_b + C_c} \times E(\dfrac{V}{\sqrt{3}})$

03 유도장해 : 전력선에 통신선이 근접해 있는 경우 통신선에 전압, 전류가 유도되는 현상

(1) 정전유도장해 : 송전선로의 영상전압과 통신선과의 상호 정전용량의 불평형에 의해 통신선에 전압이 유도되는 현상(거리와 주파수와 무관)

① 전력선 한 상과 통신선 간 정전유도전압

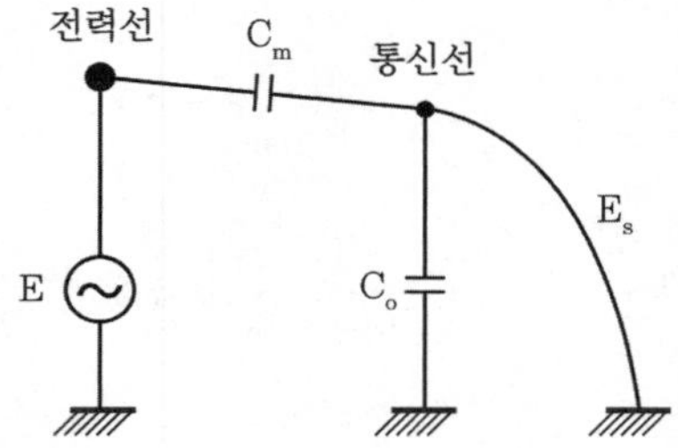

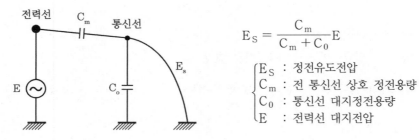

$$E_S = \frac{C_m}{C_m + C_0} E$$

$$\begin{cases} E_S : \text{정전유도전압} \\ C_m : \text{전 통신선 상호 정전용량} \\ C_0 : \text{통신선 대지정전용량} \\ E : \text{전력선 대지전압} \end{cases}$$

② 전력선 각 상과 통신선 간 이격거리가 모두 다른 경우

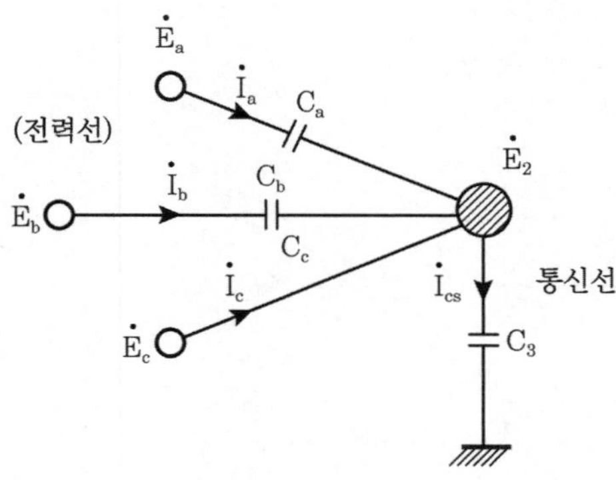

$$E_S = \frac{\sqrt{C_a(C_a - C_b) + C_b(C_b - C_c) + C_c(C_c - C_a)}}{C_a + C_b + C_c + C_0} \times \frac{V}{\sqrt{3}}$$

③ 각 전력선과 통신선 사이의 정전용량이 같고 대지전압이 동일한 경우

$$C_a = C_b = C_c = C, \qquad E_S = \frac{3C}{3C + C_0} E_0$$

(2) 전자유도장해 : 전력선과 통신선 사이의 상호 인덕턴스에 의해 발생(영상전류)
(거리와 주파수에 영향)

$$W(J) = \frac{1}{2} L I_0^2$$

① 전력선과 통신선 병행 가설시

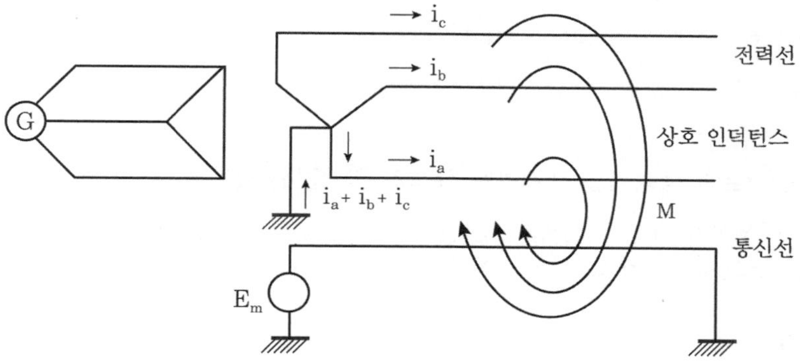

$$E_m = j\omega M\ell \times (I_a + I_b + I_c) = j\omega M\ell \times 3I_0$$

(3) 유도장해 방지법(전자유도장해 방지법)

① 전력선 측

㉠ 충분한 연가를 한다.
㉡ 소호리액터 접지방식을 채용한다.
㉢ 고속도 차단방식을 채용한다.
㉣ 차폐선을 설치한다. → 30~50[%] 감소
㉤ 전력선과 통신선과의 이격거리를 크게 한다.
㉥ 전력선과 통신선을 수직으로 교차시킨다.

② 통신선 측

㉠ 절연 변압기를 채용한다.
㉡ 연피케이블을 사용한다.
㉢ 특성이 양호한 피뢰기를 설치한다.
㉣ 통신 장비 내에 배류코일을 설치한다.
㉤ 통신선 및 기기의 절연을 강화한다.

04 CHAPTER 출제예상문제

01 **송전선로의 중성점을 접지하는 목적은?**

① 용량의 절약 ② 송전용량의 증가
③ 전압강하의 감소 ④ 이상전압의 방지

해설
중성점 접지 목적
㉠ 1선 지락시 전위상승을 억제하여 기계기구의 절연보호
㉡ 단절연이 가능하므로 기기값이 저렴하다.
㉢ 과도 안정도의 증진
㉣ 보호 계전기의 동작이 신속하다.

02 **송전선로의 중성점을 접지하는 목적과 관계없는 것은?**

① 이상전압 발생의 억제 ② 과도 안정도의 증진
③ 송전용량의 증가 ④ 보호 계전기의 신속하고 확실한 동작

해설
중성점 접지 목적
㉠ 1선 지락시 전위상승을 억제하여 기계기구의 절연보호
㉡ 단절연이 가능하므로 기기값이 저렴하다.
㉢ 과도 안정도의 증진
㉣ 보호 계전기의 동작이 신속하다.

03 **고전압 송전계통의 중성점 접지의 목적이 아닌 것은?**

① 보호 계전기의 신속하고 확실한 동작 ② 전선로 및 기기의 절연비 경감
③ 고장전류 크기의 억제 ④ 이상전압의 경감 및 발생방지

해설
중성점 접지 목적
㉠ 1선 지락시 전위상승을 억제하여 기계기구의 절연보호
㉡ 단절연이 가능하므로 기기값이 저렴하다.
㉢ 과도 안정도의 증진
㉣ 보호 계전기의 동작이 신속하다.

정답 01 ④ 02 ③ 03 ③

04 송전계통의 접지에 대한 설명으로 옳은 것은?

① 소호리액터 접지방식은 선로의 정전용량과 직렬공진을 이용한 것으로 지락전류가 타방식에 비해 좀 큰 편이다.
② 고저항 접지방식은 이중 고장을 발생시킬 확률이 거의 없으며 전위 상승이 비접지식보다는 높은 편이다.
③ 직접 접지방식을 채용하는 경우 이상전압이 낮기 때문에 변압기 선정 시 단절연이 가능하다.
④ 비접지방식을 택하는 경우 지락전류 차단이 용이하고 장거리 송전을 할 경우 이중 고장의 발생을 예방하기 좋다.

해설

1번과 동일

05 평형 3상 송전선에서 보통의 운전상태인 경우 중성점 전위는 항상 얼마인가?

① 0
② 1
③ 송전 전압과 같다.
④ ∞(무한대)

해설

3상 평형시 중성점 전위 : V = 0

06 중성점 비접지방식을 이용하는 것이 적당한 것은?

① 고전압 장거리
② 고전압 단거리
③ 저전압 장거리
④ 저전압 단거리

해설

비접지방식(△ 결선)

㉠ 저전압 단거리(20~30[KV] 이하)
㉡ 전위상승 : $\sqrt{3}$ 배
㉢ 지락전류 : $I_g > 1$

정답 04 ③ 05 ① 06 ④

07 **중성점 비접지방식에서 가장 많이 사용되는 변압기의 결선방법은?**

① △ − △　　② △ − Y　　③ Y − Y　　④ Y − V

해설
중성점 비접지방식에서 가장 많이 사용되는 변압기의 결선방법은 △-△결선이다.

08 **△ 결선의 3상 3선식 배전선로가 있다. 1선이 지락하는 경우 건전상의 전위상승은 지락 전의 몇 배가 되는가?**

① $\frac{\sqrt{3}}{2}$　　② 1　　③ $\sqrt{2}$　　④ $\sqrt{3}$

해설
④ 전위상승 : $\sqrt{3}$

09 **비접지식 송전선로에서 1선 지락고장이 생겼을 경우 지락점에 흐르는 전류는?**

① 직류
② 고장상의 전압보다 90도 늦은 전류이다.
③ 고장상의 전압보다 90도 빠른 전류이다.
④ 고장상의 전압과 동상의 전류이다.

해설
단락 전류 : 지상(뒤진) 전류,　지락 전류 : 진상(앞선) 전류

10 **비접지방식을 직접 접지방식과 비교한 것 중 옳지 않은 것은?**

① 전자 유도장해가 경감된다.
② 지락전류가 작다.
③ 보호 계전기의 동작이 확실하다.
④ △ 결선을 하여 영상전류를 흘릴 수 있다.

해설
보호 계전기의 동작이 확실한 것은 직접 접지방식이다.

정답 07 ① 08 ④ 09 ③ 10 ③

11

6.6[KV], 60[HZ], 3상 3선식 비접지식에서 선로의 길이가 10[Km]이고 1선의 대지정전용량이 0.005[㎌/Km]일 때 1선 지락시의 고장전류 I_g[A]의 범위로 옳은 것은?

① $I_g < 1$　　② $1 \leq I_g \leq 2$
③ $2 \leq I_g \leq 3$　　④ $3 \leq I_g \leq 4$

해설

6번과 동일

• $I_g = \frac{E}{X_C} = \frac{\frac{E}{1}}{j3\omega C} = j3\omega CE = 3 \times 2\pi f \times 0.005 \times 10^{-6} \times 10 \times \frac{6600}{\sqrt{3}} = 0.215$[A]

• 비접지시 I_g는 < 1

12

선로 기기 등의 저감절연 및 전력용 변압기의 단절연을 모두 행할 수 있는 중성점 접지방식은?

① 직접 접지방식　　② 소호리액터 접지방식
③ 고저항 접지방식　　④ 비접지방식

해설

직접 접지방식 : 154[KV], 345[KV] 송전선로 → 우리나라 접지방식

㉠ 장점 : 1선 지락시 전위상승이 가장 낮다.
선로 및 기기의 절연레벨 경감(변압기 단절연이 가능)
기기값이 저렴하여 경제적이다.
보호 계전기의 동작이 신속, 확실하다.

㉡ 단점 : 1선 지락시 지락전류가 최대
영상분 전류로 인한 통신선의 유도장해가 가장 크다.
대용량 차단기가 필요하다.
과도 안정도가 나쁘다.

13

직접 접지방식이 초고압 송전선에 채용되는 이유 중 가장 적당한 것은?

① 지락고장 시 병행 통신선에 유기되는 유도전압이 작기 때문에
② 지락사고 시 지락전류가 적으므로
③ 계통의 절연을 낮게 할 수 있으므로
④ 송전선의 안정도가 높으므로

해설

③ 계통의 절연을 낮게 할 수 있으므로 직접 접지방식이 초고압 송전선에 채용된다.

정답 11 ① 12 ① 13 ③

14 **중성점 접지방식에서 직접 접지방식에 대한 설명으로 틀린 것은?**

① 보호 계전기의 동작이 확실하여 신뢰도가 높다.
② 변압기의 저감절연이 가능하다.
③ 과도 안정도가 대단히 높다.
④ 단선 고장시의 이상전압이 최저이다.

해설
③ 과도 안정도가 나쁘다.

15 **직접 접지방식에 대한 설명 중 옳지 않은 것은?**

① 이상전압 발생의 우려가 작다.
② 계통의 절연수준이 낮아지므로 경제적이다.
③ 변압기의 단절연이 가능하다.
④ 보호 계전기가 신속히 동작하므로 과도 안정도가 좋다.

해설
③ 과도 안정도가 나쁘다.

16 **접지고장시의 건전상의 이상전압이 최저인 접지방식은?**

① 비접지식 ② 직접 접지식
③ 고저항 접지식 ④ 소호리액터 접지식

해설
접지고장시의 건전상의 이상전압이 최저인 접지방식은 직접 접지방식이다.

17 **중성점 직접 접지방식에 대한 설명으로 틀린 것은?**

① 지락시의 지락전류가 크다. ② 계통의 절연을 낮게 할 수 있다.
③ 지락고장시 중성점 전위가 높다. ④ 변압기의 단절연을 할 수 있다.

해설
③ 지락고장시 중성점 전위가 낮다.

정답 14 ③ 15 ④ 16 ② 17 ③

18 **송전계통에서 지락 보호 계전기의 동작이 가장 확실한 접지방식은?**

① 직접 접지방식 ② 비접지방식
③ 고저항 접지방식 ④ 소호리액터 접지방식

해설
송전계통에서 지락 보호 계전기의 동작이 가장 확실한 접지방식은 직접 접지방식이다.

19 **송전계통의 중성점 접지방식에서 유효접지라 하는 것은?**

① 소호리액터 접지방식
② 1선 접지시에 건전상의 전압이 상규 대지전압의 1.3배 이하로 중성점 임피던스를 억제시키는 중성점 접지
③ 중성점에 고저항을 접지시켜 1선 지락시에 이상전압의 상승을 억제시키는 중성점 접지
④ 송전선로에 사용되는 변압기의 중성점을 값이 적은 리액턴스로 접지시키는 방식

해설
유효접지 : 1선 지락시 전위상승을 1.3배 이하가 되도록 중성점 임피던스를 조절하는 접지방식

20 **송전계통에서 1선 지락고장시 인접 통신선의 유도장해가 가장 큰 중성점 접지방식은?**

① 비접지방식 ② 직접 접지방식
③ 고저항 접지방식 ④ 소호리액터 접지방식

해설
송전계통에서 1선 지락고장시 인접 통신선의 유도장해가 가장 큰 방식은 직접 접지방식이다.

21 **직접 접지방식을 다른 접지방식에 비교하였을 때 틀린 것은?**

① 통신선에 미치는 유도장해가 최소이다.
② 기기의 절연수준 저감이 가능하다.
③ 보호 계전기의 동작이 확실하여 신뢰도가 높다.
④ 접지고장시 건전상의 이상전압이 최저이다.

해설
① 통신선에 미치는 유도장해가 가장 크다.

정답 18 ① 19 ② 20 ② 21 ①

22 우리나라의 154[KV] 송전계통에서 채택하는 접지방식은?

① 비접지방식
② 직접 접지방식
③ 고저항 접지방식
④ 소호리액터 접지방식

해설

② 직접 접지방식은 우리나라의 154[KV] 송전계통에서 채택하는 접지방식이다.

23 소호리액터를 송전계통에 사용하면 리액터의 인덕턴스와 선로의 정전용량이 어떤 상태로 되어 지락전류를 소멸시키는가?

① 병렬공진
② 직렬공진
③ 고 임피던스
④ 저 임피던스

해설

소호리액터 접지방식 : L–C 병렬공진 → 지락전류 제거

㉠ 장점 : 1선 지락전류가 적으므로 계속적인 송전 가능
과도 안정도가 좋다
통신선의 유도장해가 적다.
고장이 스스로 복구(순간정전인 경우)

㉡ 단점 : 보호 계전기 동작이 불확실
단선 고장시 직렬공진에 의한 이상전압 발생

24 소호리액터에 대하여 틀린 것은?

① 선택지락 계전기의 동작이 용이하다.
② 지락전류가 적다.
③ 지락 중에도 송전이 계속 가능하다.
④ 전자 유도장해가 경감된다.

해설

① 보호 계전기의 동작이 불확실하다.

정답 22 ② 23 ① 24 ①

25 단선 고장시의 이상전압이 가장 큰 접지방식은?

① 비접지식
② 직접 접지식
③ 소호리액터 접지식
④ 고저항 접지식

해설

③ 소호리액터 접지식은 단선 고장시의 이상전압이 가장 큰 접지방식이다.

26 3상 3선식 송전방식에서 1선 지락시의 지락전류가 가장 적은 접지방식은?

① 직접 접지
② 저항 접지
③ 리액터 접지
④ 소호리액터 접지

해설

④ 소호리액터 접지는 3상 3선식 송전방식에서 1선 지락시의 지락전류가 가장 적은 접지방식이다.

27 송전계통의 중성점 접지용 소호리액터의 인덕턴스 L은 어느 것인가? (단, 선로 한 선의 대지정전용량을 C라 한다.)

① $L = \frac{1}{C}$
② $L = \frac{C}{2\pi f}$
③ $L = \frac{1}{2\pi f C}$
④ $L = \frac{1}{3(2\pi f)^2 C}$

해설

소호리액터의 인덕턴스 : $L = \frac{1}{3\omega^2 C} = \frac{1}{3(2\pi f)^2 C}$

28 1상의 대지정전용량 C[F], 주파수 f[HZ]인 3상 송전선의 소호리액터 공진탭의 리액턴스는 몇 [Ω]인가? (단, 소호리액터를 접속시키는 변압기의 리액턴스는 X_1[Ω]이다.)

① $\frac{1}{3\omega C} + \frac{X_1}{3}$
② $\frac{1}{3\omega C} - \frac{X_1}{3}$
③ $\frac{1}{3\omega C} + 3X_1$
④ $\frac{1}{3\omega C} - 3X_1$

해설

소호리액터의 리액턴스 : $X_L = \frac{1}{3\omega C} - \frac{X_1}{3}$

정답 25 ③ 26 ④ 27 ④ 28 ②

29 **1상의 대지정전용량 0.53[㎌], 주파수 60[HZ]의 3상 송전선의 소호리액터의 공진탭(리액턴스)은 몇 [Ω]인가? (단, 접지시키는 변압기의 1상당의 리액턴스는 9[Ω]이다.)**

① 1,466 ② 1,566 ③ 1,666 ④ 1,686

해설

소호리액터 : $X_L = \frac{1}{3\omega C_S} - \frac{X_t}{3} = \frac{1}{3 \times 2\pi \times 60 \times 0.53 \times 10^{-6}} - \frac{9}{3} = 1{,}666[\Omega]$

30 **소호리액터 접지방식에서 10[%] 정도의 과보상을 한다고 할 때 사용되는 탭 크기의 일반적인 것은?**

① $\omega L > \frac{1}{3\omega C}$ ② $\omega L < \frac{1}{3\omega C}$ ③ $\omega L > \frac{1}{3\omega^2 C}$ ④ $\omega L < \frac{1}{3\omega^2 C}$

해설

과보상 : $I_L > I_C \ (\omega L < \frac{1}{\omega C}) \rightarrow P = +$

31 **소호리액터의 접지계통에서 리액터의 탭을 완전 공진상태에서 약간 벗어나도록 하는 이유는?**

① 전력 손실을 줄이기 위하여
② 선로의 리액턴스분을 감소시키기 위하여
③ 접지계전기의 동작을 확실하게 하기 위하여
④ 직렬공진에 의한 이상전압의 발생을 방지하기 위하여

해설

직렬공진에 의한 이상전압 발생 방지

32 **3상 3선식 소호리액터 접지방식에서 1선의 대지정전용량을 C[㎌], 상전압 E[KV], 주파수 f[HZ]라 하면, 소호리액터의 용량은 몇 [KVA]인가?**

① $\pi fCE^2 \times 10^{-3}$ ② $2\pi fCE^2 \times 10^{-3}$
③ $3\pi fCE^2 \times 10^{-3}$ ④ $6\pi fCE^2 \times 10^{-3}$

해설

소호리액터의 용량 : $Q_L = Q_C = 3\omega C E^2 \times 10^{-3} = 6\pi f C E^2 \times 10^{-3}$[KVA]

정답 29 ③ 30 ② 31 ④ 32 ④

33 그림에서 B 및 C상의 대지정전용량을 C[㎌], A상의 정전용량을 0[㎌], 선간전압을 V[V]라 할 때 중성점과 대지 사이의 잔류전압 E_n 은 몇 [V]인가? (단, 선로의 직렬 임피던스는 무시한다.)

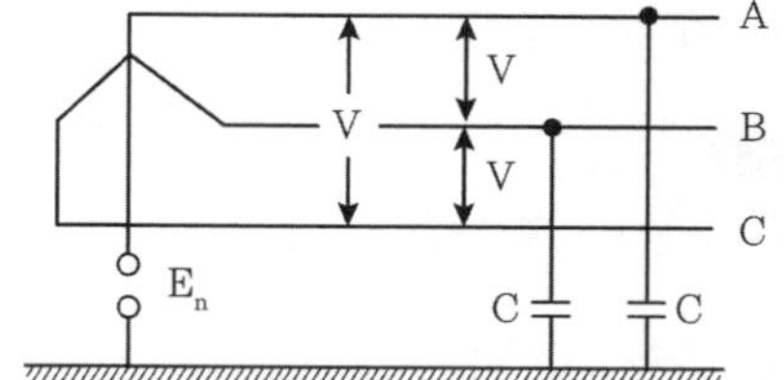

① $\frac{V}{2}$ ② $\frac{V}{\sqrt{3}}$

③ $\frac{V}{2\sqrt{3}}$ ④ 2V

해설

잔류 전압 : $E_n = \frac{\sqrt{C_a(C_a-C_b)+C_b(C_b-C_c)+C_c(C_c-C_a)}}{C_a+C_b+C_c} \times \frac{V}{\sqrt{3}}$

$= \frac{\sqrt{0\times(0-C)+C\times(C-C)+C\times(C-0)}}{0+C+C} \times \frac{V}{\sqrt{3}} = \frac{V}{2\sqrt{3}}[V]$

34 66[KV] 송전선에서 연가 불충분으로 각 선의 대지용량이 C_a = 1.1[㎌], C_b = 1[㎌], C_c = 0.9[㎌]가 되었다. 이때 잔류전압은 몇 [V]인가?

① 1,500 ② 1,800 ③ 2,200 ④ 2,500

해설

잔류전압 : $E_n = \frac{\sqrt{C_a(C_a-C_b)+C_b(C_b-C_c)+C_c(C_c-C_a)}}{C_a+C_b+C_c} \times \frac{V}{\sqrt{3}}$

$= \frac{\sqrt{1.1\times(1.1-1)+1\times(1-0.9)+0.9\times(0.9-1.1)}}{1.1+1+0.9} \times \frac{66\times10^3}{\sqrt{3}}$

$= 2{,}200[V]$

35 3상 송전선로와 통신선이 병행되어 있는 경우에 통신유도 장해로서 통신선에 유도되는 정전 유도전압은?

① 통신선의 길이에 비례한다. ② 통신선의 길이의 자승에 비례한다.
③ 통신선의 길이에 반비례한다. ④ 통신선의 길이와는 관계가 없다.

해설

정전 유도전압 : 통신선 길이와 무관하다.

정답 33 ③ 34 ③ 35 ④

36 **송전선로에 근접한 통신선에 유도장해가 발생하였다. 정전유도의 원인은?**

① 영상 전압 ② 역상 전압
③ 역상 전류 ④ 정상 전류

해설

정전 유도장해 원인 : 영상 전압, 선간 정전용량

37 **1줄의 송전선로와 1줄의 통신선로가 근접하고 있는 경우에 양 선간의 정전용량을 C_m[㎌], 통신선의 대지정전용량을 C_0[㎌]이라 하면 전선의 대지전압이 E[V]이고, 통신선의 절연이 완전할 경우 통신선에 유도되는 전압은 몇 [V]인가?**

① $\frac{C_m}{C_m + C_0}E$ ② $\frac{C_m + C_0}{C_m}E$

③ $\frac{C_0}{C_m}E$ ④ $\frac{C_m}{C_0}E$

해설

유도전압 : $E_S = \frac{C_m}{C_m + C_0}E$

38 **전력선 a의 충전 전압을 E, 통신선 b의 대지정전용량을 C_b, ab 사이의 상호 정전용량을 C_{ab}라고 하면 통신선 b의 정전유도전압 E_S는?**

① $\frac{C_{ab} + C_b}{C_b}E$

② $\frac{C_{ab} + C_a}{C_{ab}}E$

③ $\frac{C_b}{C_{ab} + C_b}E$

④ $\frac{C_{ab}}{C_{ab} + C_b}E$

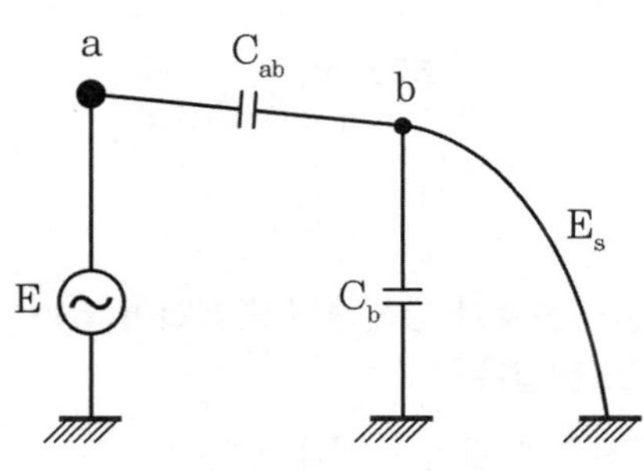

해설

유도전압 : $E_S = \frac{C_{ab}}{C_{ab} + C_b}E$

정답 36 ① 37 ① 38 ④

39 **전력선에 의한 통신선의 전자 유도장해의 주된 원인은?**

① 전력선과 통신선 사이의 차폐효과 불충분
② 전력선의 연가 불충분
③ 영상전류가 흘러서
④ 전력선의 전압이 통신선보다 높기 때문

해설
전자 유도장해 원인 : 영상전류, 상호 인덕턴스
$W[J] = \frac{1}{2}LI_0^2$

40 **전력선과의 상호 인덕턴스에 의하여 발생되는 유도장해는?**

① 정전 유도장해
② 전자 유도장해
③ 고조파 유도장해
④ 전력 유도장해

해설
전력선과의 상호 인덕턴스에 의하여 발생되는 것은 전자 유도장해이다.

41 **송전선의 통신선에 대한 유도장해 방지대책이 아닌 것은?**

① 전력선과 통신선과의 상호 인덕턴스를 크게 한다.
② 전력선의 연가를 충분히 한다.
③ 고장 발생시의 지락전류를 억제하고 고장구간을 빨리 차단한다.
④ 차폐선을 설치한다.

해설
유도장해 방지법
㉠ 전력선 측 : 충분한 연가를 한다.
소호리액터 접지방식을 채용한다.
고속도 차단방식을 채용한다.
차폐선을 설치한다. → 30~50[%] 감소
전력선과 통신선과의 이격거리를 크게 한다.
전력선과 통신선을 수직으로 교차시킨다.
㉡ 통신선 측 : 절연 변압기를 채용한다.
연피케이블을 사용한다.
특성이 양호한 피뢰기를 설치한다.
통신 장비 내에 배류코일을 설치한다.
통신선 및 기기의 절연을 강화한다.

정답 39 ③ 40 ② 41 ①

42 **유도장해를 방지하기 위한 전력선 측의 대책으로 옳지 않은 것은?**

① 소호리액터를 채용한다.
② 차폐선을 설치한다.
③ 중성점 전압을 가능한 한 높게 한다.
④ 중성점 접지에 고저항을 넣어서 지락전류를 줄인다.

해설

전력선 측 : 충분한 연가를 한다.
소호리액터 접지방식을 채용한다.
고속도 차단방식을 채용한다.
차폐선을 설치한다. → 30~50[%] 감소
전력선과 통신선과의 이격거리를 크게 한다.
전력선과 통신선을 수직으로 교차시킨다.

43 **유도장해의 방지책으로 차폐선을 사용하면 유도전압은 얼마 정도 줄일 수 있는가?**

① 10~20 ② 30~50 ③ 70~80 ④ 80~90

해설

② 차폐선을 설치하면 30~50[%] 감소한다.

44 **통신선에 대한 유도장해의 방지방법으로 적당하지 않은 것은?**

① 전력선과 통신선의 교차부분을 비스듬히 한다.
② 소호리액터 접지방식을 채용한다.
③ 통신선에 배류코일을 채용한다.
④ 통신선에 절연 변압기를 채용한다.

45 **제3고조파의 단락전류가 흘러서 일반적으로 사용되지 않는 변압기의 결선방식은?**

① △-Y ② Y-△
③ Y-Y ④ △-△

해설

Y-Y결선 : 제3고조파 전류에 의한 통신선 유도장해 발생

정답 42 ③ 43 ② 44 ① 45 ③

chapter

05

송전선로의 고장해석

05 CHAPTER

송전선로의 고장해석

01 고장 계산

※ 고장 계산을 하는 이유 – ① 보호 계전기 정정
② 차단기 용량의 결정
③ 기기에 가해지는 전자력의 크기

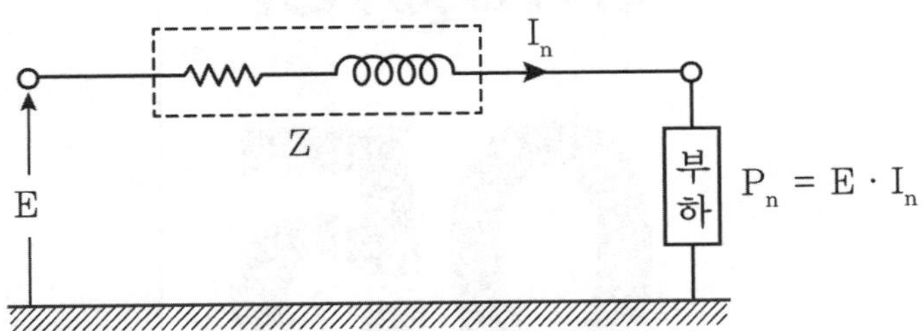

(1) 백분율 임피던스 : 기준전압에 대한 임피던스에 의한 전압강하의 비를 백분율로 나타낸 값

① 백분율 임피던스 : $\%Z = \frac{IZ}{E} \times 100[\%] = \sqrt{\%R^2 + \%X^2}$ $\begin{cases} \%R = \frac{IR}{E} \times 100 \\ \%X = \frac{IX}{E} \times 100 \end{cases}$

② I가 주어진 경우 : $\%Z = \frac{IZ}{E} \times 100[\%]$

기본 단위 : I[A], Z[Ω], E[V]

③ P가 주어진 경우 : $\%Z = \frac{PZ}{10V^2}[\%]$

기본 단위 : P [KVA], Z[Ω], V[kV]

④ 단위 법 : %Z를 100으로 나눈 값
(단, P[kVA]이고 V[kV]인 경우 해당)

$Z[P.U] = \frac{IZ}{E}$, $Z[P.U] = \frac{PZ}{1{,}000V^2}$

(2) 단락전류 계산

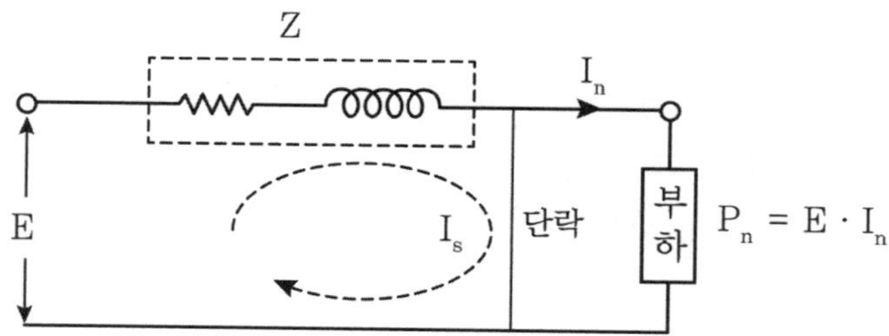

$[\Omega] \Rightarrow I_S = \dfrac{E}{Z}$ ··························· ①

$\%Z = \dfrac{IZ}{E} \times 100[\%]$ 에서 $Z = \dfrac{\%Z\ E}{I \times 100}$ ·········· ②

② → ① 대입

$$[\%Z] \Rightarrow I_s = \frac{E}{\dfrac{\%Z\ E}{I \times 100}} = \frac{100}{\%Z} I \begin{cases} 1\phi \quad I_S = \dfrac{100}{\%Z} \dfrac{P}{V} \\ 3\phi \quad I_S = \dfrac{100}{\%Z} \dfrac{P}{\sqrt{3}V} \end{cases}$$

※ 한류 리액터 : 단락전류를 제한하여 차단기 용량을 줄인다.

- Z[Ω]이 주어진 경우 : $I_S = \dfrac{E}{Z}$
- %Z이 주어진 경우 : $I_S = \dfrac{100}{\%Z} \dfrac{P}{\sqrt{3}V}$ (3상)
- PU 법은 : $I_S = \dfrac{1}{Z[PU]} \cdot I_m$

(3) 단락용량 계산

① 1ϕ : $P_S = E \cdot I_S \times 10^{-3}$[KVA]

② 3ϕ : $P_S = 3\ E \cdot I_S$ ··························· ①

$I_S = \dfrac{100}{\%Z} I = \dfrac{100}{\%Z} \dfrac{P}{3E}$ ··················· ②

② → ① 대입

- $P_S = 3E \dfrac{100}{\%Z} \cdot \dfrac{P_n}{3E} = \dfrac{100}{\%Z} P_n$

- %Z[Ω]이 주어진 경우 : $P_S = \dfrac{100}{\%Z} P_n$

- I_S이 주어진 경우 : $P_S = \sqrt{3}\, V\, I_S$

02 대칭좌표법

※ 대칭좌표법의 정의 : 3∅회로의 불평형계산 시 불평형 전압, 전류를 대칭적인 6개의 성분으로 나누어서 각 대칭성분이 단독으로 존재하는 것처럼 취급 후 합성하는 것

(1) 벡터 연산자 : a = 1 ∠120°

$$a = 1 \angle 120° = 1(\cos 120° + j\sin 120°) = -\frac{1}{2} + j\frac{\sqrt{3}}{2}$$

$$a^2 = 1 \angle 240° = 1(\cos 240° + j\sin 240°) = -\frac{1}{2} - j\frac{\sqrt{3}}{2}$$

$a + a^2 = -1$

$1 + a + a^2 = 0$

$a \times a^2 = a^3 = 1$

$a \times a^3 = a^4 = a$

$a \times a^4 = a^5 = a^2$

① **정상 운전시** : 각상의 모든 값이 같다(3ϕ평형). : 정상값 = 정상분

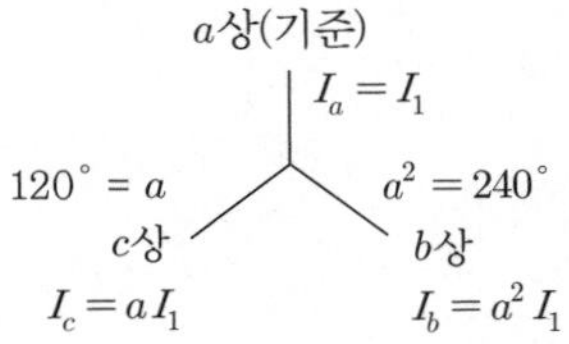

a상(기준)

$I_a = I_1$

$120° = a$ $a^2 = 240°$

c상   b상

$I_c = aI_1$ $I_b = a^2 I_1$

상은 시계방향이 정상, 위상은 시계반대방향이 정위상이다.

② 사고시 : 각상의 모든 값이 다르다(3ϕ불평형). : 사고값 = 영상분 + 정상분 + 역상분

영상분(0)		정상분(1)		역상분(2)
		$V_a = V_1$		$V_a = V_2$
$V_a \downarrow V_0$ $V_b \downarrow V_0$ $V_c \downarrow V_0$	+	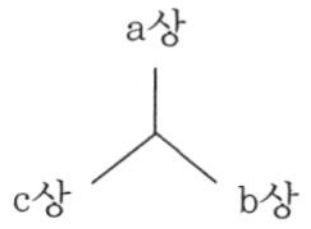 a상 / c상 / b상	+	a상 / b상 / c상
		$V_c = aV_1$ $V_b = a^2V_1$		$V_b = aV_2$ $V_c = a^2V_2$

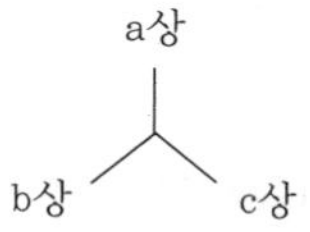

a상 : $V_a = V_0 + V_1 + V_2$ 영상분 : $V_0 = \frac{1}{3}(V_a + V_b + V_c)$ → 지락사고

b상 : $V_b = V_0 + a^2V_1 + aV_2$ 정상분 : $V_1 = \frac{1}{3}(V_a + aV_b + a^2V_c)$ → 평상시

c상 : $V_c = V_0 + aV_1 + a^2V_2$ 역상분 : $V_2 = \frac{1}{3}(V_a + a^2V_b + aV_c)$ → 단락사고

(2) 계통 임피던스

① 선로 임피던스 : 정상분 = 역상분 < 영상분 → $Z_1 = Z_2 < Z_0$ $\therefore 2Z_1 < Z_0$

② 변압기 임피던스 : 정상분 = 역상분 = 영상분 → $Z_1 = Z_2 = Z_0$ $\therefore 3Z_1$

(3) 3상 교류 발전기 기본식

① 영상분 : $V_0 = -I_0 Z_0$

② 정상분 : $V_1 = E_a - I_1 Z_1$

③ 역상분 : $V_2 = -I_2 Z_2$

(4) 각 사고별 대칭좌표법 해석

① 1선 지락사고 : 정상분, 역상분, 영상분

㉠ $I_0 = I_1 = I_2 \neq 0$

㉡ 1선 지락전류 : $I_g = \dfrac{3E_a}{Z_0 + Z_1 + Z_2} = 3I_0$

② 2선 지락사고 : 정상분, 역상분, 영상분

$$V_0 = V_1 = V_2 \neq 0$$

③ 선간 단락사고 : 정상분, 역상분

㉠ $I_0 = 0$

㉡ 단락 전류 : $I_s = \dfrac{(a^2 - a)E_a}{Z_1 + Z_2}$

④ 3상 단락사고(3상 평형사고) : 정상분

㉠ $I_0 = I_2 = 0$

㉡ $I_1 = \dfrac{E_a}{Z_1}$

※ 지락전류 = 앞선전류 = 진상전류 = 빠른전류 = 충전전류

※ 단락전류 = 뒤진전류 = 지상전류 = 느린전류 = 부하전류

05 CHAPTER

출제예상문제

01 **[%]임피던스에 대한 설명 중 옳은 것은?**

① 터빈발전기의 [%]임피던스는 수차의 [%]임피던스보다 작다.
② 전기기계의 [%]임피던스가 크면 차단용량이 작아진다.
③ [%]임피던스는 [%]리액턴스보다 작다.
④ 직렬리액터는 [%]임피던스를 작게 하는 작용이 있다.

해설

차단기 용량 : $P_S = \frac{100}{\%Z}P \quad \therefore P_S \propto \frac{1}{\%Z}$

02 **66[KV] 3상 1회선 송전선로 1선의 리액턴스가 30[Ω], 전류가 200[A]일 때 [%]리액턴스는 약 얼마인가?**

① 9.1　② 11.3　③ 13.2　④ 15.7

해설

%리액턴스 : $\%X = \frac{IX}{E} \times 100 = \frac{200 \times 30}{\frac{66 \times 10^3}{\sqrt{3}}} \times 100 = 15.7[\%]$

03 **정격전압이 66[KV]인 3상 3선식 송전선로에서 1선의 리액턴스가 17[Ω]일 때 이를 100[MVA]를 기준으로 환산한 [%]리액턴스는 약 얼마인가?**

① 35　② 39　③ 45　④ 49

해설

%리액턴스 : $\%X = \frac{PX}{10V^2} = \frac{100 \times 10^3 \times 17}{10 \times 66^2} = 39[\%]$

04 **정격전압 154[KV], 1선의 유도리액턴스가 10[Ω]인 3상 3선식 송전선로에서 100[MVA] 기준으로 환산한 이 선로의 리액턴스는 약 몇 [%]인가?**

① 1.41　② 2.16　③ 4.22　④ 6.48

해설

%리액턴스 : $\%X = \frac{PX}{10V^2} = \frac{100 \times 10^3 \times 10}{10 \times 154^2} = 4.22[\%]$

정답　01 ②　02 ④　03 ②　04 ③

05 3상 송전선로의 선간전압을 100[KV], 3상 기준용량을 10,000[KVA]로 할 때 선로 리액턴스 1선당 100[Ω]을 [%]임피던스로 환산하면 얼마인가?

① 1
② 10
③ 0.33
④ 3.33

해설

%임피던스 : $\%Z = \dfrac{PZ}{10V^2} = \dfrac{10{,}000 \times 100}{10 \times 100^2} = 10[\%]$

06 3상 변압기의 임피던스가 Z[Ω]이고 선간전압이 V[KV], 정격용량이 P[KVA]일 때 이 변압기의 [%]임피던스는?

① $\dfrac{10PZ}{V}$
② $\dfrac{PZ}{10V^2}$
③ $\dfrac{PZ}{100V^2}$
④ $\dfrac{PZ}{V}$

해설

%임피던스 : $\%Z = \dfrac{PZ}{10V^2}[\%]$

07 그림과 같은 3상 송전계통의 송전전압은 22[KV]이다. 지금 1점 F에서 3상 단락했을 때의 발전기에 흐르는 단락전류는 약 몇 [A]인가?

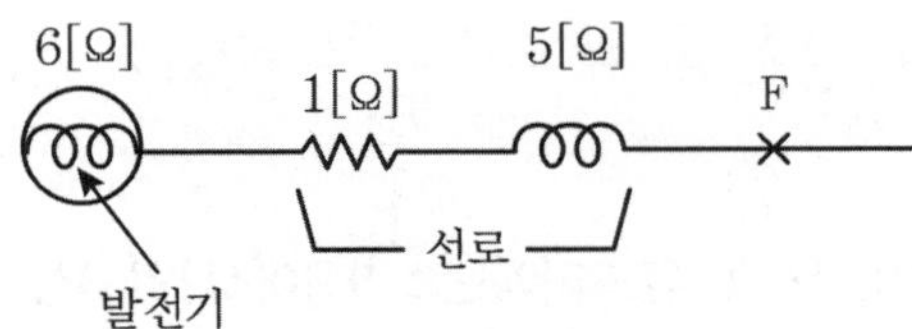

① 725
② 1,150
③ 2,300
④ 3,725

해설

단락전류 : $I_S = \dfrac{E}{Z} = \dfrac{\dfrac{22 \times 10^3}{\sqrt{3}}}{\sqrt{1^2 + (6+5)^2}} = 1{,}150[A]$

정답 05 ② 06 ② 07 ②

08 **선로의 3상 단락전류는 대개 다음과 같은 식으로 구한다. 여기에서 I_n은 무엇인가?**

$$I_s = \frac{100}{\%Z_T + \%Z_L} \times I_n$$

① 그 선로의 평균전류
② 그 선로의 최대전류
③ 전원 변압기의 선로 측 정격전류(단락 측)
④ 전원 변압기의 전원 측 정격전류

해설

I_n : 변압기 선로 측(2차 측) 정격전류

09 **그림과 같은 3상 3선식 전선로의 단락점에 있어서의 3상 단락전류는 몇 [A]인가? (단, 22[KV]에 대한 [%]리액턴스는 4[%], 저항분은 무시한다.)**

① 5,560
② 6,560
③ 7,650
④ 8,560

해설

단락전류 : $I_S = \frac{100}{\%Z}\frac{P}{\sqrt{3}V} = \frac{100}{4} \times \frac{10,000}{\sqrt{3} \times 22} = 6,560[A]$

10 **한류 리액터의 사용목적은?**

① 충전전류의 제한
② 접지전류의 제한
③ 누설전류의 제한
④ 단락전류의 제한

해설

한류 리액터의 사용목적 : 단락전류 제한

정답 08 ③ 09 ② 10 ④

11 **단락전류는 다음 중 어느 것을 말하는가?**

① 앞선전류 ② 뒤진전류 ③ 충전전류 ④ 누설전류

해설

단락전류 : 지상(뒤진)전류, 지락전류 : 진상(앞선)전류 ⇒ Δ 결선 시 해당

12 **수전용 변전설비의 1차 측에 설치하는 차단기의 용량은 다음 중 어느 것에 의하여 정하는가?**

① 공급 측 전원의 크기 ② 수전 계약용량
③ 수전전력과 부하용량 ④ 부하 설비용량

해설

차단기 용량 : 단락전류 또는 공급전류에 의해 결정

13 **전력회로에 사용되는 차단기의 차단용량을 결정할 때 이용되는 것은 어느 것인가?**

① 예상 최대 단락전류
② 회로에 접속되는 전부하전류
③ 계통의 최고전압
④ 회로를 구성하는 전선의 최대 허용전류

해설

차단기 용량 : 단락전류 또는 공급전류에 의해 결정

14 **합성 [%]임피던스를 Z_P라 할 때 P[KVA] 기준의 위치에 설치할 차단기의 용량은 몇 [MVA]인가?**

① $\frac{100P}{Z_P}$ ② $\frac{100Z_P}{P}$
③ $\frac{0.1P}{Z_P}$ ④ $\frac{P}{100Z_P}$

해설

차단기 용량 : $P_S = \frac{100}{Z_P} P \times 10^{-3} = \frac{0.1P}{Z_P}$[MVA]

정답 11 ② 12 ① 13 ① 14 ③

15

6.6/3.3[KV] 3상 10,000[KVA], 임피던스 10[%]의 변압기가 있다. 이 변압기의 2차 측에서 3상 단락되었을 경우의 단락용량은 몇 [MVA]인가?

① 50　② 100　③ 150　④ 200

해설

차단기 용량 : $P_S = \frac{100}{\%Z} P \times 10^{-3} = \frac{100}{10} \times 10{,}000 \times 10^{-3} = 100$[MVA]

16

정격용량이 20,000[KVA], 임피던스 8[%]인 3상 변압기가 2차 측에서 3상 단락되었을 때 단락용량은 몇 [MVA]인가?

① 160　② 200
③ 250　④ 320

해설

차단기 용량 : $P_S = \frac{100}{\%Z} P \times 10^{-3} = \frac{100}{8} \times 20{,}000 \times 10^{-3} = 250$[MVA]

17

단락점까지의 전선 한 줄의 임피던스가 Z = 6 + j8[Ω](전원포함), 단락전의 단락 점 전압이 22.9[KV]인 단상 전선로의 단락용량은 몇 [KVA]인가? (단, 부하전류는 무시한다.)

① 13,110　② 26,220
③ 39,330　④ 52,440

해설

차단기 용량 : $P_S = EI_S = 22{,}900 \times \frac{22{,}900}{20} \times 10^{-3} = 26{,}220$[KVA]

단락전류 : $I_S = \frac{E}{Z} = \frac{22{,}900}{2 \times \sqrt{6^2 + 8^2}} = \frac{22{,}900}{20}$[A]

18

3상용 차단기의 정격 차단용량은?

① $\sqrt{3}$ × 정격전압 × 정격차단전류　② 3 × 정격전압 × 정격차단전류
③ $\sqrt{3}$ × 정격전압 × 정격전류　④ 3 × 정격전압 × 정격전류

해설

차단기 용량 : $P_S = \sqrt{3}\, VI_S = \sqrt{3}$ × 정격전압 × 정격차단전류

정답 15 ② 16 ③ 17 ② 18 ①

19 **그림과 같은 3상 교류 회로에서 유입 차단기 3의 차단용량[MVA]은? (단, [%]리액턴스는 발전기는 각각 10[%], 변압기는 5[%], 용량은 G_1 = 15,000[KVA], G_2 = 30,000[KVA], T_r = 45,000[KVA]이다.)**

① 150
② 300
③ 450
④ 800

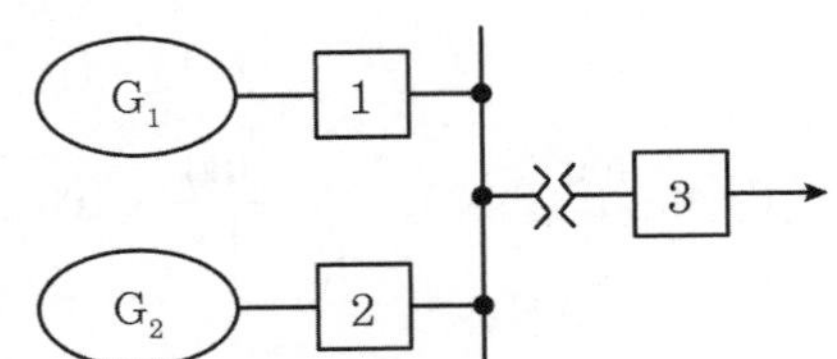

해설

차단기 용량 : $P_S = \dfrac{100}{\%Z} P \times 10^{-3} = \dfrac{100}{15} \times 45{,}000 \times 10^{-3} = 300$ [MVA]

기준 용량 : 45,000[KVA], %Z = %X

$\%Z_{G1} = \dfrac{45{,}000}{15{,}000} \times 10 = 30[\%]$, $\%Z_{G2} = \dfrac{45{,}000}{30{,}000} \times 10 = 15[\%]$, $\%Z_T = 5[\%]$

합성 %임피던스 : $\%Z = \dfrac{30 \times 15}{30 + 15} + 5 = 15[\%]$

20 **3본의 송전선에 동상의 전류가 흘렀을 경우 이 전류를 무슨 전류라 하는가?**

① 영상전류　② 평형전류　③ 단락전류　④ 대칭전류

해설

영상전류 : 각 상 전류의 위상차가 없는 전류(동위상)

21 **다음 중 송전선의 1선 지락시 선로에 흐르는 전류를 바르게 나타낸 것은?**

① 영상전류만 흐른다.
② 영상전류 및 정상전류만 흐른다.
③ 영상전류 및 역상전류만 흐른다.
④ 영상전류, 정상전류 및 역상전류만 흐른다.

해설

1선 지락(접지) 사고 : 영상, 정상, 역상분 존재
선간 단락 사고 : 정상, 역상분 존재
평상시(3상 평형사고) : 정상분 존재

정답 19 ② 20 ① 21 ④

22 선간 단락 고장을 대칭 좌표법으로 해석할 경우 필요한 것은?

① 정상 임피던스도 및 역상 임피던스도
② 정상 임피던스도 및 영상 임피던스도
③ 역상 임피던스도 및 영상 임피던스도
④ 정상 임피던스도

해설

선간 단락 사고 : 정상, 역상분 존재

23 불평형 3상 전압을 V_a, V_b, V_c라 하고 $a = \epsilon^{j\frac{2\pi}{3}}$라 할 때 $V_x = \frac{1}{3}(V_a + aV_b + a^2V_c)$이다. 여기에서 V_x는 어떤 전압을 나타내는가?

① 정상전압 ② 단락전압
③ 영상전압 ④ 지락전압

해설

영상전압 : $V_0 = \frac{1}{3}(V_a + V_b + V_c)$, 영상전류 : $I_0 = \frac{1}{3}(I_a + I_b + I_c)$

정상전압 : $V_1 = \frac{1}{3}(V_a + aV_b + a^2V_c)$, 정상전류 : $I_0 = \frac{1}{3}(I_a + aI_b + a^2I_c)$

역상전압 : $V_2 = \frac{1}{3}(V_a + a^2V_b + aV_c)$, 역상전류 : $I_0 = \frac{1}{3}(I_a + a^2I_b + aI_c)$

24 역상전류가 각상 전류로 바르게 표시된 것은?

① $I_2 = I_a + I_b + I_c$

② $I_2 = \frac{1}{3}(I_a + aI_b + a^2I_c)$

③ $I_2 = \frac{1}{3}(I_a + a^2I_b + aI_c)$

④ $I_2 = aI_a + I_b + a^2 I_c$

해설

③ 역상전류 : $I_2 = \frac{1}{3}(I_a + a^2I_b + aI_c)$

정답 22 ① 23 ① 24 ③

25 **1선 접지고장을 대칭 좌표법으로 해석할 경우 필요한 것은?**

① 정상 임피던스도 및 역상 임피던스도
② 정상 임피던스도
③ 정상 임피던스도 및 영상 임피던스도
④ 정상 임피던스도, 역상 임피던스도 및 영상 임피던스도

해설
1선 지락(접지) 사고 : 영상, 정상, 역상분 존재

26 **3상 동기 발전기 단자에서 고장전류 계산시 영상전류 I_0, 정상전류 I_1, 역상전류 I_2 가 같은 경우는?**

① 1선 지락 ② 2선 지락
③ 선간 단락 ④ 3상 단락

해설
1선 지락(접지) 사고 : 영상, 정상, 역상분 존재

27 **송전선로의 고장전류 계산에 있어서 영상 임피던스가 필요한 경우는?**

① 3선 단락 ② 선간 단락
③ 1선 접지 ④ 3선 단선

해설
1선 지락(접지) 사고 : 영상, 정상, 역상분 존재

28 **송전선로의 정상, 역상 및 영상 임피던스를 각각 Z_1, Z_2 및 Z_0라 할 때 상호 관계로 옳은 것은?**

① $Z_1 = Z_2 = Z_0$ ② $Z_1 = Z_2 > Z_0$
③ $Z_1 > Z_2 = Z_0$ ④ $Z_1 = Z_2 < Z_0$

정답 25 ④ 26 ① 27 ③ 28 ④

해설

선로 임피던스 : 정상분 = 역상분 < 영상분 → $Z_1 = Z_2 < Z_0$

29 다음 중 옳은 것은?

① 송전선로의 정상 임피던스는 역상 임피던스의 반이다.
② 송전선로의 정상 임피던스는 역상 임피던스의 배이다.
③ 송전선로의 정상 임피던스는 역상 임피던스와 같다.
④ 송전선로의 정상 임피던스는 역상 임피던스의 3배이다.

해설

변압기 임피던스 : 정상분 = 역상분 = 영상분 → $Z_1 = Z_2 = Z_0$

30 그림과 같은 3상 발전기가 있다. a상이 지락한 경우 지락전류는 어떻게 표현되는가? (단, Z_0 : 영상 임피던스, Z_1 : 정상 임피던스, Z_2 : 역상 임피던스이다.)

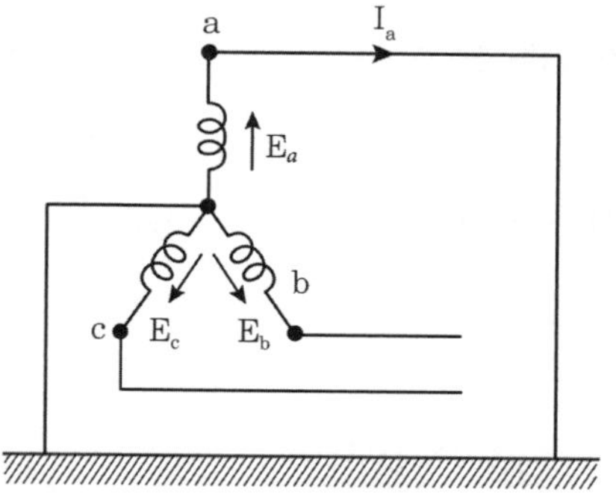

① $\dfrac{E_a}{Z_0 + Z_1 + Z_2}$

② $\dfrac{3E_a}{Z_0 + Z_1 + Z_2}$

③ $\dfrac{-Z_0E_a}{Z_0 + Z_1 + Z_2}$

④ $\dfrac{2Z_0E_a}{Z_1 + Z_2}$

해설

1선 지락전류 : $I_g = \dfrac{3E_a}{Z_0 + Z_1 + Z_2} = 3I_0$

정답 29 ③ 30 ②

31 **그림과 같은 회로의 영상, 정상 및 역상 임피던스 Z_0, Z_1, Z_2는?**

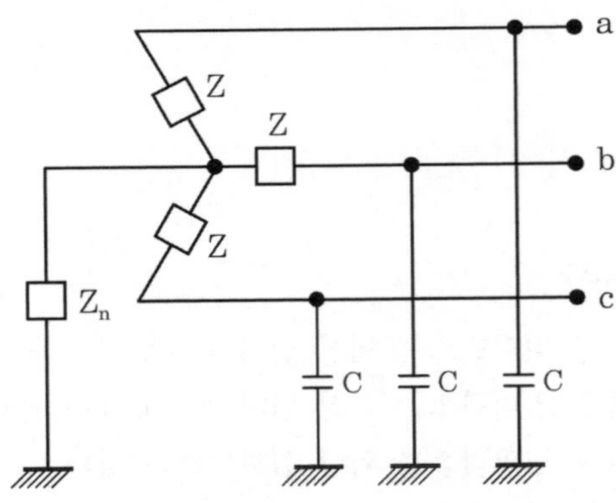

① $Z_0 = \dfrac{Z+3Z_n}{1+j\omega C(Z+3Z_n)}$, $Z_1 = Z_2 = \dfrac{Z}{1+j\omega CZ}$

② $Z_0 = \dfrac{3Z_n}{1+j\omega C(3Z+Z_n)}$, $Z_1 = Z_2 = \dfrac{3Z_n}{1+j\omega CZ}$

③ $Z_0 = \dfrac{Z+Z_n}{1+j\omega C(Z+Z_n)}$, $Z_1 = Z_2 = \dfrac{Z}{1+j3\omega CZ_n}$

④ $Z_0 = \dfrac{3Z}{1+j\omega C(Z+Z_n)}$, $Z_1 = Z_2 = \dfrac{3Z_n}{1+j3\omega CZ}$

해설

영상 임피던스 : $Z_0 = \dfrac{1}{j\omega C + \dfrac{1}{Z+3Z_n}} = \dfrac{Z+3Z_n}{1+j\omega C(Z+3Z_n)}$

정상 및 역상 임피던스 : $Z_1 = Z_2 = \dfrac{1}{j\omega C + \dfrac{1}{Z}} = \dfrac{Z}{1+j\omega CZ}$

정답 31 ①

chapter

06

안정도 및 조상설비

CHAPTER 06 안정도 및 조상설비

제1절 안정도

01 안정도의 정의

부하의 급변 또는 고장이 발생하더라도 G가 전압상차각을 유지하며 계통이 정상운전되는 것을 말한다. 즉, 전력계통에서 주어진 조건하에서 안정하게 운전을 계속할 수 있는 능력

02 안정도의 종류

(1) 정태안정도

정상 운전시 안정운전 지속 능력(미소하게 부하가 서서히 증가, 감할 때의 극한전력)

(2) 동태안정도

AVR 및 조속기에 의한 (속응여자방식)안정운전 향상 능력

(3) 과도안정도

부하 급변시 또는 고장시에도 안정운전 계통이 안정하게 운전되는 지속능력
(부하가 갑자기 사고났을 때 극한전력) → 송전선로에서는 재폐로 방식 채용

03 정태안정도 향상대책

(1) 발전기 쪽

① 동기 리액턴스(임피던스)를 작게 한다.
② 발전기를 2대 이상 병렬 운전한다.
③ 자동전압 조정기(AVR) → 속응여자방식을 채용(전압변동이 작아진다.)
④ 제동권선 설치 → 난조(탈조) 방지 → 난조 원인 : 조속기 감도가 예민하기 때문이다.
⑤ 입, 출력 불평형을 작게 한다.
※ 전력계통에 접속된 G가 동기운전을 하기 위해서는 모든 발전기가 동기속도로 운전되어야 한다.

(2) 송전선로 쪽

① 복도체(다도체) 방식 채용
② 병행 2회선(다회선) 방식 채용 → 계통을 연계한다.

③ 송전선로의 전압조정(조상설비)설비 채용 → 중간 조상방식 채용
④ 고속도 재폐로 방식 채용 → 목적 : 안정도 향상
⑤ 중성점 접지방식 채용(소호리액터 접지)

(3) 배전선로 쪽(배전선로 전압 조정법)

① 변압기 탭 변환법 : 가장 많이 사용(최근에는 주상변압기 TAB 조정 ×)
② 유도 전압 조정기에 의한 방법 : 부하 변동이 심한 곳에 사용
③ 승압기(단권 변압기)에 의한 방법 : 말단 전압강하 방지

㉠ 승압 후 전압 : $E_2 = E_1\left(1+\dfrac{e_2}{e_1}\right) = E_1 + \dfrac{e_2}{e_1}E_1$

㉡ 승압기(자기) 용량 : $W = \dfrac{e_2}{E_2} \times \dfrac{P[Kw]}{\cos\theta}$ [KVA]

> E_1전압을 E_2로 승압하여 W의 부하에 응하기 위해서는 (변압비 $\dfrac{1}{a}$, 용량 W)인 승압기가 필요하다.

제2절 조상설비

전력계통 무효분을 조정하여 전압 및 역률을 조정하는 설비

01 조상설비 종류 : 동기 조상기, 전력용(병렬) 콘덴서, 직렬 콘덴서, 병렬(분로) 리액터

(1) 동기 조상기(L, C) : 무부하로 운전 중인 동기전동기

① 역률 : $\cos\theta = 1$
② 조정 : 진상, 지상 공급 가능(연속 조정 가능)
③ 시운전(시송전) 가능
④ 전력손실(P_l)이 크다.
⑤ 용량 증설이 어렵다.

(2) 전력용 콘덴서(C) : 병렬 콘덴서, 정전 축전지, 비동기 조상기

① 조정 : 진상만 공급 가능

② 다단 조정 가능(불연속 조정)

③ 시운전(시송전) 불가능

④ 용량 증설이 용이하다.

⑤ 구조

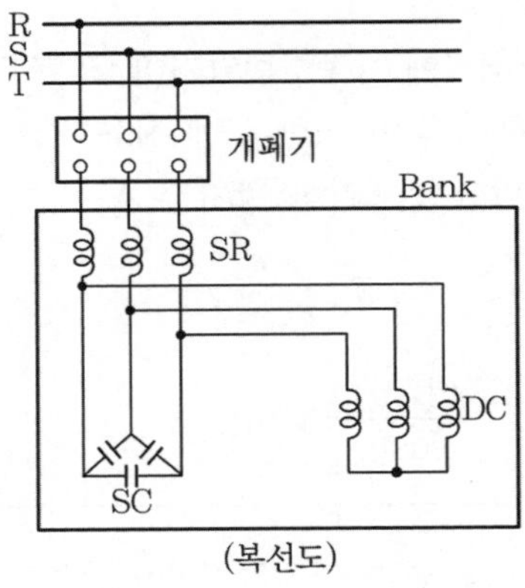

(복선도)

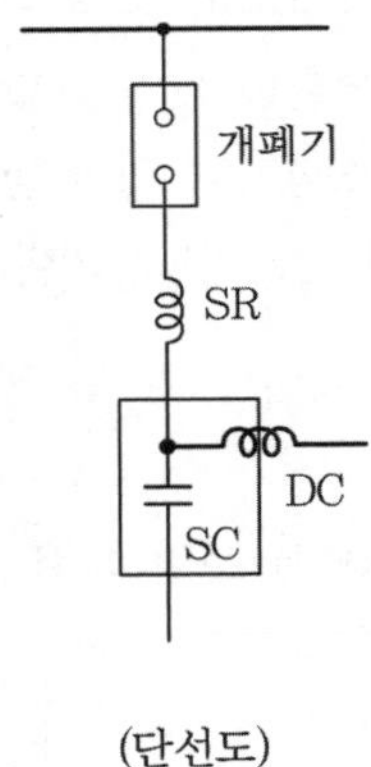

(단선도)

※ 개폐기 : • 100[KVA] 이상 : CB(교류 차단기)
- 50[KVA]~100[KVA] 미만 : OS(유입 개폐기)
- 30[KVA]~50[KVA] 미만 : COS(컷 아웃트 스위치)
- 30[KVA] 이하 : DS(단로기) 단, COS 직결

※ 특이현상 : 투입 시 – ① 돌입전류 ② 투입 시 과도전압
③ 과도 주파수 ④ 모선 순시전압 강하
개방 시 – ① 재점호 ② 전동기 자기여자 현상

※ Bank(군)수 결정 : 300[KVA]마다 1군씩 분할

① 1군 : 1~300[KVA]

② 2군 : 301~600[KVA]

③ 3군 : 601~900[KVA]

ex. 550[KVA] → 2군

※ Bank의 3요소 : 직렬 리액터(SR), 방전코일(DC), 전력용 콘덴서(SC)

① 직렬 리액터(SR) : 5고조파를 제거하여 전압의 파형개선

㉠ 리액터 크기 : $n\omega L = \dfrac{1}{n\omega C}$ ($n = 5$), $5 \times 2\pi f L = \dfrac{1}{5 \times 2\pi f C}$

$$\omega L = \frac{1}{25\omega C}, \quad \therefore X_L = 0.04\, X_C \begin{cases} \text{이론상} : 4[\%] \\ \text{실제} \quad : 5-6[\%] \end{cases}$$

② 방전코일(DC) : 전원 개방시 잔류전하를 방전하여 인체의 감전사고 방지
(전원 재투입시 과전압 발생방지)

③ 전력용 콘덴서(SC) : 부하의 역률 개선

※ 역률 개선용 콘덴서 용량

$$Q_c = P(\tan\theta_1 - \tan\theta_2) = P(\frac{\sin\theta_1}{\cos\theta_1} - \frac{\sin\theta_2}{\cos\theta_2})$$

$$= P(\frac{\sqrt{1-\cos^2\theta_1}}{\cos\theta_1} - \frac{\sqrt{1-\cos^2\theta_2}}{\cos\theta_2})$$

Q_c : 콘덴서 용량[KVA][Kvar]

P : 유효전력[KW]

θ_1 : 개선 전 역률

θ_2 : 개선 후 역률

※ 역률 100[%] ($\cos\theta = 1$) 개선 시 콘덴서 용량 : (무효전력) $P_r = Q_c$(콘덴서 용량)

$$Q_c = P_a \sin\theta = P_a \sqrt{1-\cos^2\theta} = P\tan\theta[\text{KVA}]$$

(3) 직렬 콘덴서(C) : 선로 리액턴스에 의한 전압강하 보상

① 조정 : 진상만 공급 가능

② 다단 조정 가능(불연속 조정)

③ 시운전(시송전) 불가능

④ 역률이 나쁠수록 설치 효과가 좋다.

(4) 병렬(분로) 리액터(L) : 패란티 현상방지

① 조정 : 지상만 공급 가능

② 다단 조정 가능(불연속 조정)

③ 시운전(시송전) 불가능

※ 패란티 현상 : 무(경)부하시 정전용량(C)에 의해 수전단 전압이 송전단 전압보다 높아지는 현상
(수전단 전위상승 현상)

06 CHAPTER 출제예상문제

01 **전력계통의 안정도의 종류에 속하지 않는 것은?**

① 상태안정도　② 정태안정도
③ 과도안정도　④ 동태안정도

해설
안정도 종류 : 정태안정도, 과도안정도, 동태안정도

02 **과도안정 극한전력이란?**

① 부하가 서서히 감소할 때의 극한전력
② 부하가 서서히 증가할 때의 극한전력
③ 부하가 갑자기 사고가 났을 때의 극한전력
④ 부하가 변하지 않을 때의 극한전력

해설
과도안정 극한전력 : 부하 급변시, 고장시 극한전력

03 **송전계통의 안정도를 증진시키는 방법이 아닌 것은?**

① 전압 변동률을 작게 한다.　② 직렬 리액턴스를 크게 한다.
③ 제동 저항기를 설치한다.　④ 중간 조상기 방식을 채용한다.

해설
안정도 증진법

발전기 쪽
㉠ 동기 리액턴스(임피던스)를 작게 한다.
㉡ 발전기를 2대 이상 병렬 운전한다.
㉢ 자동전압 조정기(AVR) → 속응여자방식을 채용(전압변동이 작아진다.)
㉣ 난조방지(제동권선 설치)
㉤ 입·출력 불평형을 작게 한다.

송전선로 쪽
㉠ 복도체(다도체) 방식 채용
㉡ 병행 2회선(다회선) 방식 채용 → 계통을 연계한다.

정답 01 ① 02 ③ 03 ②

㉢ 송전선로의 전압조정(조상설비)설비 채용 → 중간 조상방식 채용
㉣ 고속도 재폐로 방식 채용 → 목적 : 안정도 향상
㉤ 중성점 접지방식 채용(소호리액터 접지)

배전선로 쪽(배전선로 전압 조정법)
㉠ 변압기 탭 변환법 : 가장 많이 사용
㉡ 유도 전압 조정기에 의한 방법 : 부하 변동이 심한 곳에 사용
㉢ 승압기(단권 변압기)에 의한 방법 : 말단 전압강하 방지

04 전력계통의 안정도 향상대책으로 옳은 것은 어느 것인가?

① 송전계통의 전달 리액턴스를 증가시킨다.
② 재폐로 방식을 채택한다.
③ 전원 측 원동기용 조속기의 부동시간을 크게 한다.
④ 고장을 줄이기 위하여 각 계통을 분리시킨다.

해설

② 고속도 재폐로 방식 채용 → 목적 : 안정도 향상

05 송전계통의 안정도 향상대책으로 적당하지 않은 것은?

① 직렬 콘덴서로 선로의 리액턴스를 보상한다.
② 기기의 리액턴스를 감소한다.
③ 발전기 단락비를 작게 한다.
④ 계통을 연계한다.

해설

송전선로 쪽
㉠ 복도체(다도체) 방식 채용
㉡ 병행 2회선(다회선) 방식 채용 → 계통을 연계한다.
㉢ 송전선로의 전압조정(조상설비)설비 채용 → 중간 조상방식 채용
㉣ 고속도 재폐로 방식 채용 → 목적 : 안정도 향상
㉤ 중성점 접지방식 채용(소호리액터 접지)

정답 04 ② 05 ③

06 **수차의 조속기가 너무 예민하면 어떤 현상이 발생되는가?**

① 탈조를 일으키게 된다. ② 수압 상승률이 크게 된다.
③ 속도 변동률이 작게 된다. ④ 전압 변동이 작게 된다.

해설
수차 발전기 조속기가 예민할 경우 : 난조 발생 후 탈조 현상이 발생한다.

07 **수차 발전기에 제동권선을 설치하는 주된 목적은?**

① 정지시간 단축 ② 발전기 안정도의 증진
③ 회전력의 증가 ④ 과부하내량의 증대

해설
수차 발전기에 제동권선을 설치하는 주된 목적은 발전기 안정도의 증진에 있다.

08 **자기여자 방지를 위하여 충전용의 발전기 용량이 구비하여야 할 조건은?**

① 발전기 용량 < 선로의 충전용량
② 발전기 용량 < 3×선로의 충전용량
③ 발전기 용량 > 선로의 충전용량
④ 발전기 용량 > 3×선로의 충전용량

해설
발전기 용량 > 3×선로의 충전용량

09 **송전선로의 안정도 향상대책과 관계가 없는 것은?**

① 속응여자방식 채용 ② 재폐로 방식 채용
③ 무효전력 조정 ④ 리액턴스 조정

해설
③ 무효전력 조정은 송전선로의 안정도 향상대책과 관계가 없다.

정답 06 ① 07 ② 08 ④ 09 ③

10 중간 조상방식이란?

① 송전선로의 중간에 동기조상기 연결
② 송전선로의 중간에 직렬콘덴서 삽입
③ 송전선로의 중간에 병렬 전력용 콘덴서 연결
④ 송전선로의 중간에 개폐소설치 리액터와 전력용 콘덴서를 병렬로 연결

해설
① 중간 조상방식이란 송전선로의 전압조정설비(조상설비)를 채용하는 방식이다.

11 송전선로의 안정도 향상대책이 아닌 것은?

① 병행 다회선이나 복도체 방식을 채용
② 속응여자방식을 채용
③ 계통의 직렬 리액턴스를 증가
④ 고속도 차단기의 이용

해설
③ 직렬 리액턴스를 감소한다.

12 송・배전 계통에서의 안정도 향상대책이 아닌 것은?

① 병렬 회선수 증가
② 병렬 콘덴서 설치
③ 직렬 콘덴서 설치
④ 기기의 리액턴스 감소

해설
② 직렬 콘덴서를 설치한다.

13 송전선의 안정도를 증진시키는 방법이 아닌 것은?

① 선로의 회선수 감소
② 재폐로 방식의 채용
③ 속응 여자 방식의 채용
④ 리액턴스 감소

해설
① 선로의 회선수를 증가시킨다.

정답 10 ① 11 ③ 12 ② 13 ①

14 송전계통의 안정도 증진 방법에 대한 설명으로 옳지 않은 것은?

① 고장시 발전기 입·출력의 불평형을 작게 한다.
② 전압변동을 작게 한다.
③ 고장전류를 줄이고, 고장구간을 신속하게 차단한다.
④ 직렬 리액턴스를 크게 한다.

해설
④ 직렬 리액턴스를 작게 한다.

15 송전계통에서 안정도 증진과 관계가 없는 것은?

① 리액턴스 감소
② 재폐로 방식의 채용
③ 속응여자방식의 채용
④ 차폐선의 채용

해설
④ 차폐선의 채용은 송전계통에서 안정도 증진과 관계가 없다.

16 송전계통의 안정도 증진방법으로 틀린 것은?

① 직렬 리액턴스를 작게 한다.
② 중간 조상 방식을 채용한다.
③ 계통을 연계한다.
④ 원동기의 조속기 작동을 느리게 한다.

해설
송전계통의 안정도 증진방법에는 ①, ②, ③ 등이 있다.

17 배전선의 전압을 조정하는 방법이 아닌 것은?

① 승압기 사용
② 유도 전압 조정기 사용
③ 주상 변압기 탭 전환
④ 병렬 콘덴서 사용

해설
④ 병렬 콘덴서 사용은 배전선의 전압을 조정하는 방법에 해당되지 않는다.

정답 14 ④ 15 ④ 16 ④ 17 ④

18 **배전선의 전압을 조정하는 방법은?**

① 영상 변류기 설치
② 병렬 콘덴서 사용
③ 중성점 접지
④ 주상 변압기 탭 전환

해설

④ 주상 변압기 탭 전환은 배전선의 전압을 조정하는 방법으로 가장 많이 사용한다.

19 **부하에 따라 전압변동이 심한 급전선을 가진 배전 변전소의 전압조정장치는?**

① 단권 변압기
② 전력용 콘덴서
③ 유도 전압 조정기
④ 직렬 리액턴스

해설

③ 유도 전압 조정기는 전압변동을 감소시킨다.

20 **단상 승압기 1대를 사용하여 승압할 경우 승압 전의 전압을 E_1이라 하면 승압 후의 전압 E_2는 어떻게 되는가? (단, 승압기의 변압비는 $\frac{e_1}{e_2}$이다.)**

① $E_2 = E_1 + \frac{e_1}{e_2}E_1$
② $E_2 = E_1 + e_2$
③ $E_2 = E_1 + \frac{e_2}{e_1}E_1$
④ $E_2 = E_1 + e_1$

해설

승압 후 전압 : $E_2 = E_1(1 + \frac{e_2}{e_1}) = E_1 + \frac{e_2}{e_1}E_1$

21 **6,600/210[V]인 주상 변압기 2대를 V결선 승압기로 하여 6,300[V]의 3상 평형회로에 사용한다면 2차 측 전압은 약 몇 [V] 정도 되는가?**

① 6,400
② 6,500
③ 6,600
④ 6,700

정답 18 ④ 19 ③ 20 ③ 21 ②

해설

2차 전압 : $E_2 = E_1 + \frac{e_2}{e_1}E_1 = 6{,}300 + \frac{210}{6{,}600} \times 6{,}300 = 6{,}500[\text{V}]$

22 **단상 교류회로에 3,150/210[V]의 승압기를 80[KW], 역률 0.8인 부하에 접속하여 전압을 상승시키는 경우에 다음 중 몇 [KVA]의 승압기를 사용하여야 하는가? (단, 전원 전압은 2,900[V]이다.)**

① 3
② 5
③ 7.5
④ 10

해설

승압기 용량 : $W = \frac{e_2}{E_2} \times \frac{P}{\cos\theta} = \frac{210}{3{,}093.33} \times \frac{80}{0.8} = 6.79[\text{KVA}]$

2차 전압 : $E_2 = E_1 + \frac{e_2}{e_1}E_1 = 2{,}900 + \frac{210}{3{,}150} \times 2{,}900 = 3{,}093.33[\text{V}]$

23 **조상설비라고 할 수 없는 것은?**

① 분로 리액터
② 동기 조상기
③ 비동기 조상기
④ 상순표시기

해설

조상기 종류 : 동기 조상기, 전력용(병렬) 콘덴서, 직렬 콘덴서, 병렬(분로) 리액터

24 **조상설비가 있는 1차 변전소에서 주변압기로 주로 사용되는 변압기는?**

① 강압용 변압기
② 3권선 변압기
③ 단권 변압기
④ 단상 변압기

해설

1차 변전소 주변압기 : 3권선 변압기

정답 22 ③ 23 ④ 24 ②

25 **안정권선(△ 권선)을 가지고 있는 대용량 고전압의 변압기에서 조상용 전력용 콘덴서는 주로 어디에 접속되는가?**

① 주변압기의 1차 ② 주변압기의 2차
③ 주변압기의 3차(안정권선) ④ 주변압기의 1차와 2차

해설

3권선 변압기($Y-Y-\Delta$)에 전력용 콘덴서는 안정권선(3차권선)에 설치한다.

26 **진상전류만 아니라 지상전류도 잡아서 광범위하게 연속적인 전압조정을 할 수 있는 것은?**

① 전력용 콘데서 ② 동기 조상기
③ 분로 리액터 ④ 직렬 리액터

해설

동기 조상기(L, C) : 무부하로 운전 중인 동기 전동기
㉠ 역률 : $\cos\theta = 1$
㉡ 조정 : 진상, 지상 공급 가능(연속 조정 가능)
㉢ 시운전(시송전)이 가능하다.
㉣ 전력 손실(P_l)이 크다.
㉤ 용량 증설이 어렵다.

27 **전력계통의 전압 조정설비의 특징에 대한 설명 중 틀린 것은?**

① 병렬 콘덴서는 진상 능력만을 가지며 병렬리액터는 진상 능력이 없다.
② 동기 조상기는 무효전력의 공급과 흡수가 모두 가능하여 진상 및 지상용량을 갖는다.
③ 동기 조상기의 조정의 단계가 불연속이나 직렬 콘덴서 및 병렬 리액터는 그것이 연속이다.
④ 병렬 리액터는 장거리 초고압 송전선 또는 지중선 계통의 충전용량 보상용으로 주요 발, 변전소에 설치된다.

해설

전력용 콘덴서(C) : 병렬 콘덴서, 정전 축전지, 비동기 조상기
㉠ 조정 : 진상만 공급 가능
㉡ 계단 조정 가능(불연속 조정)
㉢ 시운전(시송전)이 불가능하다.
㉣ 용량 증설이 용이하다.

정답 25 ③ 26 ② 27 ③

28 **동기 조상기에 대한 설명으로 옳은 것은?**

① 정지기의 일종이다.
② 연속적인 전압 조정이 불가능하다.
③ 계통의 안정도를 증진시키기가 어렵다.
④ 송전선의 시송전에 이용할 수 있다.

해설

동기 조상기는 송전선의 시송전에 이용할 수 있다.

29 **동기 조상기(A)와 전력용 콘덴서(B)를 비교한 것으로 옳은 것은?**

① 조정 : A는 계단적, B는 연속적
② 전력손실 : A가 B보다 적음
③ 무효전력 : A는 진상, 지상 겸용, B는 진상용
④ 시송전 : A는 불가능, B는 가능

해설

① 조정 : A는 연속적, B는 불연속적
② 전력손실 : A가 B보다 큼
④ 시송전 : A는 가능, B는 불가능

30 **동기 조상기에 대한 설명 중 맞는 것은?**

① 무부하로 운전되는 동기 발전기로 역률을 개선한다.
② 무부하로 운전되는 동기 전동기로 역률을 개선한다.
③ 전부하로 운전되는 동기 발전기로 위상을 조정한다.
④ 전부하로 운전되는 동기 전동기로 위상을 조정한다.

해설

동기 조상기는 무부하로 운전되는 동기 전동기로 역률을 개선한다.

31 **전력용 콘덴서에 의하여 얻을 수 있는 전류는?**

① 지상 전류　② 진상 전류　③ 동상 전류　④ 영상 전류

해설

전력용 콘덴서 : 진상 전류, 분로(병렬) 리액터 : 지상 전류

정답 28 ④　29 ③　30 ②　31 ②

32 **전력용 콘덴서를 동기 조상기에 비교할 때 옳은 것은?**

① 지상 무효전력을 공급할 수 있다.
② 송전선를 시송전할 때 그 선로를 충전할 수 있다.
③ 전압조정을 계단적으로 밖에 못 한다.
④ 전력 손실이 크다.

해설
③ 전력용 콘덴서는 불연속 조정을 한다.

33 **전력용 콘덴서에서 방전 코일의 역할은?**

① 잔류전하의 방전 ② 고조파의 억제
③ 역률의 개선 ④ 콘덴서 수명연장

해설
방전 코일 : 잔류전하를 방전하여 인체 감전사고를 방지한다.

34 **전력용 콘덴서 회로에 방전 코일을 설치하는 주목적은?**

① 합성 역률의 개선
② 전원 개방시 잔류전하를 방전시켜 인체의 위험방지
③ 콘덴서의 등가용량 증대
④ 전압의 개선

해설
방전 코일 : 잔류전하를 방전하여 인체 감전사고를 방지한다.

35 **전력용 콘덴서에 직렬로 콘덴서 용량의 5% 정도의 유도 리액턴스를 삽입하는 목적은?**

① 이상전압의 발생방지 ② 제5고조파 전류의 억제
③ 정전용량의 조절 ④ 제3고조파 전류의 억제

해설
직렬 리액터 : 제5고조파 제거

정답 32 ③ 33 ① 34 ② 35 ②

36 **전력계통에서 전력용 콘덴서와 직렬로 연결하는 리액터로 제거되는 고조파는?**

① 제2고조파
② 제3고조파
③ 제4고조파
④ 제5고조파

해설

직렬 리액터 : 제5고조파 제거

37 **주변압기 등에서 발생하는 제5고조파를 줄이는 방법은?**

① 전력용 콘덴서에 직렬 리액터를 접속
② 변압기 2차 측에 분로 리액터 연결
③ 모선에 방전 코일 연결
④ 모선에 공심 리액터 연결

해설

주변압기 등에서 발생하는 제5고조파를 줄이는 방법은 전력용 콘덴서에 직렬 리액터를 접속한다.

38 **전력용 콘덴서를 변전소에 설치할 때 직렬 리액터를 설치하려고 한다. 직렬 리액터의 용량을 결정하는 식은? (단, f_0는 전원의 기본 주파수, C는 역률개선용 콘덴서의 용량, L은 직렬 리액터의 용량이다.)**

① $2\pi f_0 L = \frac{1}{2\pi f_0 C}$
② $2\pi(3f_0)L = \frac{1}{2\pi(3f_0)C}$
③ $2\pi(5f_0)L = \frac{1}{2\pi(5f_0)C}$
④ $2\pi(7f_0)L = \frac{1}{2\pi(7f_0)C}$

해설

직렬 리액터 크기 : $5\omega L = \frac{1}{5\omega C} = 2\pi(5f_0)L = \frac{1}{2\pi(5f_0)C}$

정답 36 ④ 37 ① 38 ③

39 **부하가 P[KW]이고 그의 역률이 $\cos\theta_1$ 인 것을 $\cos\theta_2$로 개선하기 위하여는 전력용 콘덴서가 몇 [KVA] 필요한가?**

① $P(\tan\theta_1 - \tan\theta_2)$ ② $P(\frac{\cos\theta_1}{\sin\theta_1} - \frac{\cos\theta_2}{\sin\theta_2})$

③ $\frac{P}{(\tan\theta_1 - \tan\theta_2)}$ ④ $\frac{P}{(\cos\theta_1 - \cos\theta_2)}$

해설

역률 개선용 콘덴서 용량 : $Q_c = P(\tan\theta_1 - \tan\theta_2) = P(\frac{\sin\theta_1}{\cos\theta_1} - \frac{\sin\theta_2}{\cos\theta_2})$

$= P(\frac{\sqrt{1-\cos\theta_1}}{\cos\theta_1} - \frac{\sqrt{1-\cos\theta_2}}{\cos\theta_2})$

역률 100[%] 개선시 콘덴서 용량 : $Q_c = P_a\sin\theta = P_a\sqrt{1-\cos^2\theta} = P\tan\theta$[KVA]

40 **피상 전력 P[KVA], 역률 $\cos\theta$인 부하를 역률 100[%]로 개선하기 위한 전력용 콘덴서의 용량은 몇 [KVA]인가?**

① $P\sqrt{1-\cos^2\theta}$ ② $P\tan\theta$

③ $P\cos\theta$ ④ $P\frac{\sqrt{1-\cos^2\theta}}{\cos\theta}$

해설

역률 100[%] 개선시 콘덴서 용량 : $Q_c = P_a\sin\theta = P_a\sqrt{1-\cos^2\theta} = P\tan\theta$[KVA]

41 **1대의 주상 변압기에 역률(늦음) $\cos\theta_1$, 유효전력 P_1[KW]의 부하와 역률(늦음) $\cos\theta_2$, 유효전력 P_2[KW]의 부하가 병렬로 접속되어 있을 경우 주상 변압기에 걸리는 피상 전력[KVA]은?**

① $\frac{P_1}{\cos\theta_1} + \frac{P_2}{\cos\theta_2}$ ② $\sqrt{[\frac{P_1}{\cos\theta_1}]^2 + [\frac{P_2}{\cos\theta_2}]^2}$

③ $\sqrt{(P_1+P_2)^2 + (P_1\tan\theta_1 + P_2\tan\theta_2)^2}$ ④ $\sqrt{[\frac{P_1}{\sin\theta_1}] + [\frac{P_2}{\sin\theta_2}]}$

해설

피상 전력 : $P_a = \sqrt{P^2 + P_r^2} = \sqrt{(P_1+P_2)^2 + (P_1\tan\theta_1 + P_2\tan\theta_2)^2}$

정답 39 ① 40 ① 41 ③

42 **역률 80[%], 10,000[KVA]의 부하를 갖는 변전소에 2,000[KVA]의 콘덴서를 설치하여 역률을 개선하면 변압기에 걸리는 부하는 몇 [KVA] 정도 되는가?**

① 8,000　② 8,500　③ 9,000　④ 9,500

해설

피상 전력 : $P_a = 10{,}000 \times (0.8 + j0.6) = 8{,}000 + j6{,}000$

무효 전력 : $P_r = 6{,}000 - 2{,}000 = 4{,}000$[Kvar]

개선 후 피상 전력 : $P_a = \sqrt{8{,}000^2 + 4{,}000^2} \fallingdotseq 9{,}000$[KVA]

43 **5,000[KVA], 역률 80[%]인 부하를 역률 95[%]로 개선하는 데 필요한 전력용 콘덴서의 용량은 약 몇 [KVA]인가?**

① 1,350　② 1,550

③ 1,690　④ 1,980

해설

콘덴서 용량 : $Q_c = P(\frac{\sqrt{1-\cos\theta_1}}{\cos\theta_1} - \frac{\sqrt{1-\cos\theta_2}}{\cos\theta_2})$

$= 5{,}000 \times 0.8 \times (\frac{0.6}{0.8} - \frac{\sqrt{1-0.95^2}}{0.95}) \fallingdotseq 1{,}690$[KVA]

44 **직렬 축전기에 대한 설명으로 틀린 것은?**

① 선로의 유도리액턴스를 보상한다.
② 수전단의 전압변동을 경감한다.
③ 전동기나 용접기등의 시동정지에 따른 프리카의 방지에 적합하다.
④ 역률을 개선한다.

해설

직렬 콘덴서(C) : 선로 리액턴스에 의한 전압강하 보상
㉠ 조정 : 진상만 공급 가능
㉡ 다단 조정 가능(불연속 조정)
㉢ 시운전(시송전) 불가능
㉣ 역률이 나쁠수록 설치 효과가 좋다.

정답 42 ③ 43 ③ 44 ④

45 **송전선에 직렬 콘덴서를 설치하는 경우 많은 이점이 있는 반면 이상현상도 일어날 수 있다. 직렬 콘덴서를 설치하였을 때 타당하지 않은 것은?**

① 선로 중에서 일어나는 전압강하를 감소시킨다.
② 송전전력의 증가를 꾀할 수 있다.
③ 부하역률이 좋을수록 설치 효과가 크다.
④ 단락 사고시 발생하는 경우 직렬공진을 일으킬 우려가 있다.

해설
부하역률이 나쁠수록 설치 효과가 크다.

46 **패란티 현상이 발생하는 원인은?**

① 선로의 과도한 저항 때문이다.
② 선로의 정전용량 때문이다.
③ 선로의 인덕턴스 때문이다.
④ 선로의 급격한 전압강하 때문이다.

해설
패란티 현상 : 무(경)부하시 정전용량(C)에 의해 수전단 전압이 송전단 전압보다 높아지는 현상(수전단 전위상승 현상)

47 **송전선로의 패란티 효과를 방지하는 데 효과적인 것은?**

① 분로 리액터 사용
② 복도체 사용
③ 병렬 콘덴서 사용
④ 직렬 콘덴서 사용

해설
패란티 현상 방지책 : 분로(병렬) 리액터 설치

정답 45 ③ 46 ② 47 ①

48 **송전선로에서의 고장 또는 발전기 탈락과 같은 큰 외란에 대하여 계통에 연결된 각 동기기가 동기를 유지하면서 계속 안정적으로 운전할 수 있는지를 판별하는 안정도는?**

① 동태안정도(dynamic stability)
② 정태안정도(steady-state stability)
③ 전압안정도(voltage stability)
④ 과도안정도(transient stability)

해설
과도안정도
계통이 부하의 급변 또는 사고시 동기운전을 지속하는 정도를 과도안정도라 한다.

49 **각 전력계통의 연계선으로 상호 연결하였을 때 장점으로 틀린 것은?**

① 건설비 및 운전경비를 절감하므로 경제급전이 용이하다.
② 주파수의 변화가 작아진다.
③ 각 전력계통의 신뢰도가 증가된다.
④ 선로 임피던스가 증가되어 단락전류가 감소된다.

해설
계통을 연계
계통을 연계할 경우 안정도가 향상이 된다. 다만 이 경우 임피던스는 감소하여 단락전류가 증가한다.

50 **송전단 전압을 V_s, 수전단 전압을 V_r, 선로의 리액턴스를 X라 할 때 정상 시의 최대 송전전력의 개략적인 값은?**

① $\frac{V_s - V_r}{X}$
② $\frac{V_s^2 - V_r^2}{X}$
③ $\frac{V_s(V_s - V_r)}{X}$
④ $\frac{V_s V_r}{X}$

해설

정태안정 극한전력 $P_s = \frac{V_s V_r}{X} \sin\delta$

정답 48 ④ 49 ④ 50 ④

chapter

07

이상전압과 방호

07 CHAPTER 이상전압과 방호

01 이상전압의 종류

(1) 내부이상전압

① 개폐 서지 : 선로 개폐시 전위 상승(최대 6배 : 무부하 충전전류 개로시 최대)
⇒ 차단기 내부에 저항기 설치(서지 억제 저항기, 개폐 저항기)

② 1선 지락시 전위 상승 ⇒ 중성점 접지방식 채용

③ 무부하시 전위 상승(패란티 현상) ⇒ 분로(병렬) 리액터 설치

④ 잔류전압에 의한 전위 상승 ⇒ 연가

(2) 외부 이상전압

① 직격뢰 : 선로에 직격되는 뇌

② 유도뢰 : 정전유도에 의해 뇌운이 대지로 방전시 인접한 전선로에 유도되는 뇌

02 이상전압 방호대책(뇌해 방지)

(1) 가공지선 : 직격뢰 차폐, 유도뢰 차폐, 통신선의 유도장해 경감

① 차폐각 : 30~45° $\begin{cases} 30^\circ \text{ 이하} : 100[\%] \\ 45^\circ \text{ 이하} : 97[\%] \end{cases}$

② 차폐각이 작을수록 보호효과가 크고 시설비는 고가이다.

③ 2조지선 사용 : 차폐효율이 높아진다.

(2) 매설지선 : 철탑 저항값(탑각 저항값)을 감소시켜 역섬락 방지

※ 역섬락 : 뇌 전류가 철탑에서 대지로 방전시 철탑의 접지 저항값이 클 경우 대지가 아닌 송전선에 섬락을 일으키는 현상

(3) 소호장치 : 아킹혼, 아킹링 ⇒ 뇌로부터 애자련을 보호

(4) 피뢰기 : 뇌 전류를 방전, 속류를 차단하여 기계기구 절연보호

(5) 피뢰침

03 뇌의 파형(충격파)

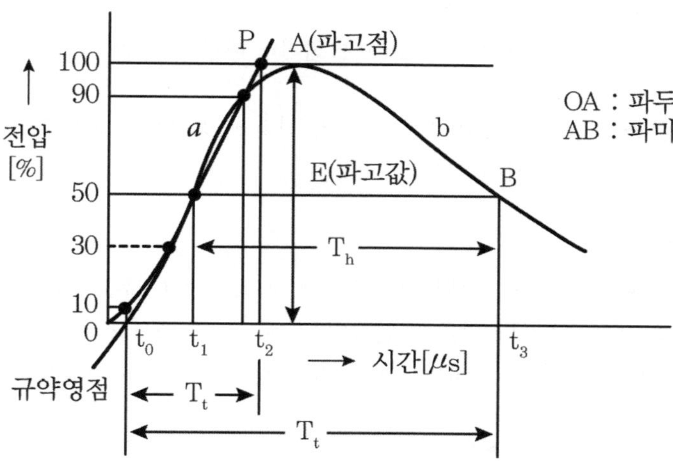

(1) 뇌 서지파

① 파두장은 짧고, 파미장은 길다.

② 개폐 서지보다 파두장, 파미장이 모두 짧다.

③ 국제표준 충격파 : 1×40[μsec] 또는 1.2×50[μsec]

(2) 진행파 특징

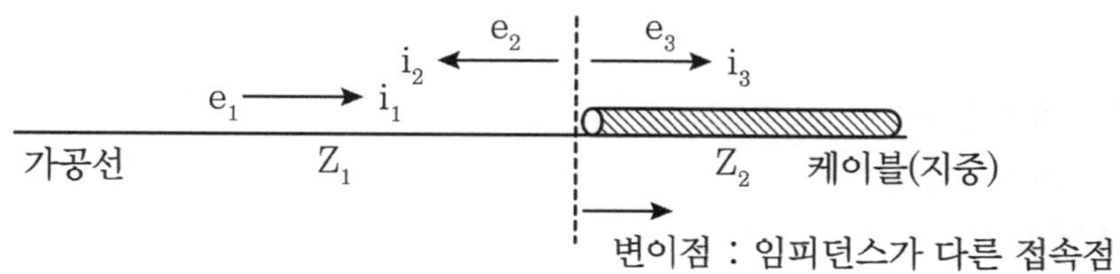

① 투과계수 : $\gamma = \dfrac{2Z_2}{Z_1 + Z_2}$　　투과전압 : $e_3 = \gamma e_1$

② 반사계수 : $\beta = \dfrac{Z_2 - Z_1}{Z_1 + Z_2}$　　반사파전압 : $e_2 = \beta e_1$

③ 무반사 조건 : 반사계수(β) = 0　$\therefore Z_1 = Z_2 (Y_1 = Y_2)$

04 피뢰기 : 절연 협조의 기본

피뢰기(LA) → 정지기 보호(유입 변압기)

서지 흡수기(SA) : LA + C → 회전기 보호(발전기), 내부 이상전압 흡수

(1) 피뢰기의 역할과 기능 : 이상전압 내습시 뇌 전류를 방전하고 속류를 차단하여 기계 기구의 절연보호

(2) 피뢰기의 구성

① 직렬 갭 : 이상전압 내습시 뇌 전류를 방전하고, 속류(기류) 차단

② 특성요소 : 피뢰기 단자전압을 제한하여 기계기구 절연보호

③ 쉴드 링 : 전・자기적 충격비를 완화시켜 동작지연 시간방지(충격보호)

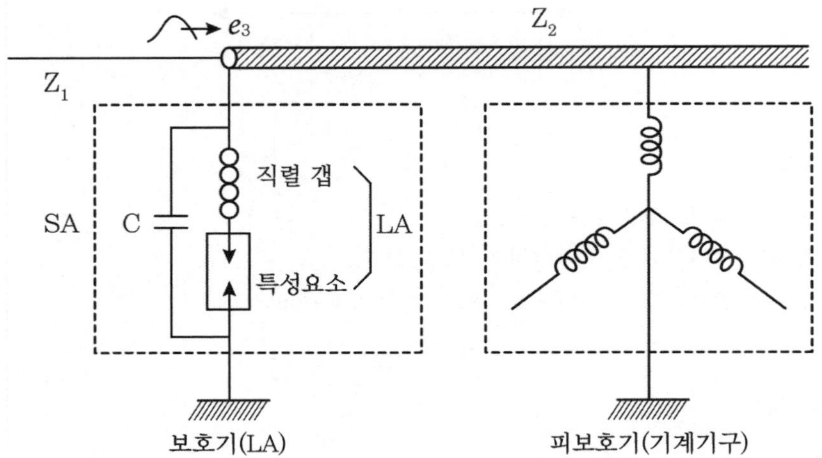

(3) 피뢰기의 설치장소

① 발・변전소 인입구 및 인출구

② 배전용 변압기 고압측 및 특고압측

③ 고압 및 특고압을 수전받는 수용가 인입구

④ 가공전선과 지중전선 접속점

(4) 피뢰기 구비조건

① 상용주파 방전개시 전압은 높을 것

② 충격 방전개시 전압은 낮을 것

③ 방전 내량은 크고, 제한 전압은 낮을 것

④ 속류 차단 능력은 클 것

(5) 피뢰기의 정격전압 : 속류가 차단되는 교류의 최고 전압(1선지락시 전위상승분 × 115[%])

① **유효 접지계**(직접 접지) : 선로 공칭전압의 0.8~1배

② **비유효 접지계**(소호, 저항 접지) : 선로 공칭전압의 1.4~1.6배

※ 1선 지락시 전위 상승분이 틀리므로

③ **피뢰기의 정격전압** : ( )는 변전소용임

전압[KV]	정격전압[KV]
345	288
154	144
66	72
22.9	18(21)

(6) 피뢰기의 제한전압 : 피뢰기 동작 중(방전 중) 단자전압의 파고치

(절연협조의 기본이 되는 전압)

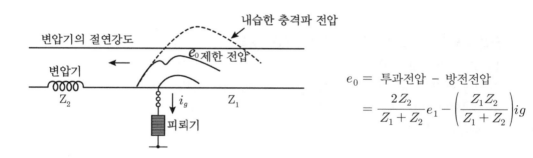

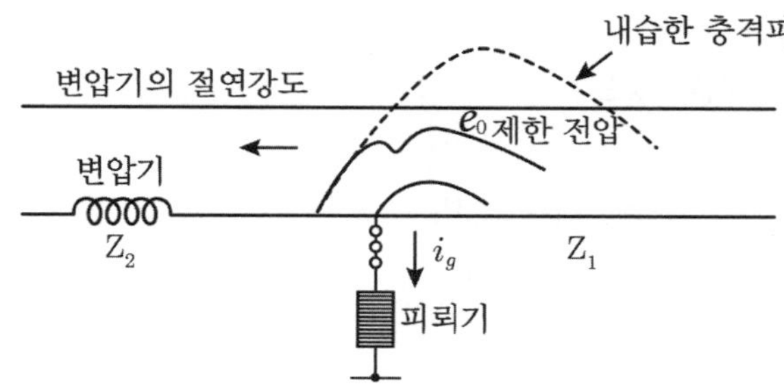

$$e_0 = \text{투과전압} - \text{방전전압} = \frac{2Z_2}{Z_1+Z_2}e_1 - \left(\frac{Z_1 Z_2}{Z_1+Z_2}\right)ig$$

(7) 절연 협조 : 보호기와 피보호기와의 상호절연 협력관계

(계통전체의 신뢰도를 높이고 경제적, 합리적인 설계를 한다.)

① 여유도 = $\dfrac{\text{기기의 절연강도} - \text{제한전압}}{\text{제한전압}} \times 100\,[\%]$

② 절연협조 순서

피뢰기(LA) → 변압기(코일-부싱) → 결합콘덴서 → 선로(애자)

③ BIL(기준충격 절연강도) : 기기의 절연을 표준화하고 통일된 절연체계를 구성하기 위한 절연 계급 설정 ⇒ 피뢰기 제한전압 기준

※ 기준충격 절연강도 = 선로 공칭전압 × 5배 ± 50

07 CHAPTER 출제예상문제

01 **초고압용 차단기에서 개폐 저항기를 사용하는 이유는?**

① 차단전류 감소
② 개폐 서지 이상전압 억제
③ 차단속도 증진
④ 차단전류의 역률개선

해설

개폐 저항기(서지 억제 저항기) : 개폐 서지(이상전압) 억제

02 **송배전 선로의 이상전압의 내부적 원인이 아닌 것은?**

① 선로의 개폐
② 아크 접지
③ 선로의 이상상태
④ 유도뇌

해설

④ 유도뇌 : 외부 이상전압

03 **송전계통에서 이상전압의 방지대책이 아닌 것은?**

① 철탑 접지저항의 저감
② 가공 송전선로의 피뢰용으로서의 가공지선에 의한 뇌차폐
③ 기기의 보호용으로서의 피뢰기 설치
④ 복도체방식 채택

해설

이상전압 방지대책

㉠ 가공지선 : 직격뇌 차폐, 유도뇌 차폐, 통신선의 유도장해 경감

차폐각 : 30∼45° $\begin{cases} 30^\circ \text{ 이하 : } 100[\%] \\ 45^\circ \text{ 이하 : } 97[\%] \end{cases}$

차폐각이 작을수록 보호효과가 크고 시설비는 고가이다.

2조지선 사용 : 차폐효율이 높아진다.

㉡ 매설지선 : 철탑 저항값(탑각 저항값)을 감소시켜 역섬락 방지

※ 역섬락 : 뇌 전류가 철탑에서 대지로 방전시 철탑의 접지 저항값이 클 경우 대지가 아닌 송전선에 섬락을 일으키는 현상

㉢ 소호장치 : 아킹혼, 아킹링 ⇒ 뇌로부터 애자련을 보호

㉣ 피뢰기 : 뇌 전류를 방전, 속류를 차단하여 기계기구 절연보호

㉤ 피뢰침

정답 01 ② 02 ④ 03 ④

04 가공지선을 설치하는 주된 목적은?

① 뇌해 방지　　② 전선의 진동방지
③ 철탑의 강도보강　　④ 코로나의 발생방지

해설

가공지선을 설치하는 주된 목적은 뇌해를 방지하기 위해서이다.

05 가공 송전선로에서 이상전압의 내습에 대한 대책으로 틀린 것은?

① 철탑의 탑각 접지 저항을 작게 한다.
② 기기 보호용으로서의 피뢰기를 설치한다.
③ 가공지선을 설치한다.
④ 차폐각을 크게 한다.

해설

④ 차폐각이 작을수록 효과가 크다.

06 가공지선의 설치 목적이 아닌 것은?

① 정전 차폐효과　　② 전압강하의 방지
③ 직격 차폐효과　　④ 전자 차폐효과

해설

② 전압강하의 방지는 가공지선의 설치 목적이 아니다.

07 가공지선에 대한 다음 설명 중 옳은 것은?

① 차폐각은 보통 15~30도 정도로 하고 있다.
② 차폐각이 클수록 벼락에 대한 차폐 효과가 크다.
③ 가공지선을 2선으로 하면 차폐각이 적어진다.
④ 가공지선으로 연동선을 주로 사용한다.

해설

③ 가공지선을 2선으로 하면 차폐 효율이 높아진다.

정답 04 ① 05 ④ 06 ② 07 ③

08 송전선로에서 가공지선을 설치하는 목적이 아닌 것은?

① 뇌의 직격을 받을 경우 송전선 보호
② 유도에 의한 송전선의 고전위 방지
③ 통신선에 대한 차폐효과 증진
④ 철탑의 접지저항 경감

해설
④는 매설지선을 설치하는 목적이다.

09 뇌해 방지와 관계가 없는 것은?

① 댐퍼 ② 소호각
③ 가공지선 ④ 매설지선

해설
① 댐퍼는 뇌해 방지와 관계가 없다.

10 송전선로에서 역섬락을 방지하는 가장 유효한 방법은?

① 피뢰기를 설치한다. ② 가공지선을 설치한다.
③ 소호각을 설치한다. ④ 탑각 접지저항을 적게 한다.

해설
역섬락을 방지하는 방법은 탑각 접지저항을 적게 한다.

11 송전선로에서 역섬락이 생기기 쉬운 때는?

① 선로손실이 클 때 ② 코로나 현상이 발생할 때
③ 선로정수가 균일하지 않을 때 ④ 철탑의 접지저항이 클 때

해설
역섬락
뇌 전류가 철탑에서 대지로 방전시 철탑의 접지 저항값이 클 경우 대지가 아닌 송전선에 섬락을 일으키는 현상

정답 08 ④ 09 ① 10 ④ 11 ④

12 **접지봉을 사용하여 희망하는 접지 저항값까지 줄일 수 없을 때 사용하는 선은?**

① 차폐선 ② 가공지선
③ 크로스본드선 ④ 매설지선

해설
④ 매설지선은 접지봉을 사용하여 희망하는 접지 저항값까지 줄일 수 없을 때 사용하는 선이다.

13 **154[KV] 송전선로의 철탑에 45[KA]의 직격전류가 흘렀을 때 역섬락을 일으키지 않는 탑각 접지 저항값[Ω]의 최고값은? (단, 154[KV]의 송전선에서 1련의 애자수를 9개 사용하였다고 하며 이때의 애자의 섬락 전압은 860[KV]이다.)**

① 9 ② 19
③ 29 ④ 39

해설
탑각 접지저항 : $R = \frac{\text{애자련 섬락 전압}}{\text{철탑 전류}} = \frac{860}{45} = 19[\Omega]$

14 **뇌 서지와 개폐 서지의 파두장과 파미장에 대한 설명으로 옳은 것은?**

① 파두장은 같고 파미장이 다르다.
② 파두장이 다르고 파미장은 같다.
③ 파두장과 파미장이 모두 다르다.
④ 파두장과 파미장이 모두 같다.

해설
뇌 서지파
㉠ 파두장은 짧고, 파미장은 길다.
㉡ 개폐 서지보다 파두장, 파미장이 모두 짧다.
㉢ 국제표준 충격파 : 1×40[μsec] 또는 1.2×50[μsec]

정답 12 ④ 13 ② 14 ③

15 **기기의 충격전압 시험을 할 때 채용하는 우리나라의 표준 충격 전압파의 파두장 및 파미장을 표시한 것은?**

① 1.5×40[μs] ② 2.0×40[μs]
③ 1.2×50[μs] ④ 2.3×50[μs]

해설
우리나라의 표준 충격 전압파의 파두장 및 파미장을 표시한 것은 1.2×50[μs]이다.

16 **파동 임피던스 Z_1=600[Ω]인 선로종단에 파동 임피던스 Z_2=1,300[Ω]의 변압기가 접속되어 있다. 지금 선로에서 e_1=900[KV]의 전압이 입사되었다면 접속점에서의 전압 반사파는 약 몇 [KV]인가?**

① 530 ② 430 ③ 330 ④ 230

해설
반사파 전압 : $e_2 = \beta e_1 = \frac{Z_2 - Z_1}{Z_1 + Z_2} e_1 = \frac{1,300 - 600}{600 + 1,300} \times 900 = 330$[KV]

17 **파동 임피던스 Z_1=400[Ω]인 가공선로에 파동 임피던스 50[Ω]인 케이블을 접속하였다. 이때 가공 선로에 e_1=800[KV]인 전압파가 들어왔다면 접속점에서 전압의 투과파는?**

① 약 178[KV] ② 약 238[KV] ③ 약 298[KV] ④ 약 328[KV]

해설
투과 전압 : $e_3 = \gamma e_1 = \frac{2Z_2}{Z_1 + Z_2} e_1 = \frac{2 \times 50}{400 + 50} \times 800 = 178$[KV]

18 **피뢰기의 구조는?**

① 특성요소와 소호리액터 ② 특성요소와 콘덴서
③ 소호리액터와 콘덴서 ④ 특성요소와 직렬 갭

해설
피뢰기의 구성
㉠ 직렬 갭 : 이상전압 내습시 뇌전류를 방전하고, 속류(기류) 차단
㉡ 특성요소 : 피뢰기 단자전압을 제한하여 기계기구 절연보호
㉢ 쉴드 링 : 전·자기적 충격비를 완화시켜 동작지연 시간방지(충격보호)

정답 15 ③ 16 ③ 17 ① 18 ④

19 송전계통의 절연 협조에서 절연레벨을 가장 낮게 선정하는 기기는?

① 차단기　② 단로기　③ 변압기　④ 피뢰기

해설

피뢰기 : 절연 협조의 가장 기본이 된다.

20 피뢰기의 구조에서 전·자기적인 충격으로부터 보호하는 구성요소는?

① 쉴드링　② 특성요소
③ 직렬갭　④ 소호 리액터

해설

① 쉴드링은 피뢰기의 구조에서 전·자기적인 충격으로부터 보호한다.

21 피뢰기의 직렬갭의 작용은?

① 이상전압의 파고치를 저감시킨다.
② 상용주파수의 전류를 방전시킨다.
③ 이상전압이 내습하면 뇌전류를 방전하고 속류를 차단하는 역할을 한다.
④ 이상전압의 진행파를 증가시킨다.

해설

③ 피뢰기의 직렬갭은 이상전압이 내습하면 뇌전류를 방전하고 속류를 차단하는 역할을 한다.

22 피뢰기의 정격전압이란?

① 충격 방전전류를 통하고 있을 때의 단자 전압
② 충격파의 방전 개시 전압
③ 속류의 차단이 되는 최고의 교류 전압
④ 상용 주파수의 방전 개시 전압

해설

피뢰기의 정격전압 : 속류가 차단되는 교류의 최고 전압
㉠ 유효 접지계(직접 접지) : 선로 공칭전압의 0.8~1배
㉡ 비유효 접지계(소호, 저항 접지) : 선로 공칭전압의 0.4~1.6배

정답 19 ④ 20 ① 21 ③ 22 ③

23 **피뢰기의 공칭전압이란?**

① 뇌전압의 평균값
② 속류를 차단할 수 있는 최대의 교류전압
③ 뇌전류의 파고값
④ 피뢰기가 동작되고 있을 때의 단자전압

해설
피뢰기의 공칭전압이란 속류를 차단할 수 있는 최대의 교류전압이다.

24 **피뢰기가 구비해야 할 조건으로 잘못 설명된 것은?**

① 속류의 차단 능력이 충분할 것
② 상용주파 방전개시 전압이 높을 것
③ 방전 내량이 적으면서 제한 전압이 높을 것
④ 상용주파수의 방전개시 전압은 높을 것

해설
피뢰기 구비조건
㉠ 상용주파 방전개시 전압은 높을 것
㉡ 충격 방전개시 전압은 낮을 것
㉢ 방전 내량은 크고, 제한 전압은 낮을 것
㉣ 속류 차단 능력은 클 것

25 **피뢰기가 방전을 개시할 때의 단자 전압의 순시값을 방전개시전압이라 한다. 방전 중의 단자전압의 파고값을 무슨 전압이라 하는가?**

① 뇌전압
② 상용주파교류전압
③ 제한전압
④ 충격절연강도전압

해설
피뢰기의 제한전압 : 피뢰기 동작 중(방전 중) 단자전압의 파고치(절연 협조의 기본이 되는 전압)

정답 23 ② 24 ③ 25 ③

26 **송전계통에서 절연 협조의 기본이 되는 것은?**

① 피뢰기의 제한전압 ② 애자의 섬락전압
③ 변압비 용량의 섬락전압 ④ 권선의 절연내력

해설
피뢰기의 제한전압 : 피뢰기 동작 중(방전 중) 단자전압의 파고치(절연 협조의 기본이 되는 전압)

27 **계통의 기기 절연을 표준화하고 통일된 절연 체계를 구성하는 목적으로 절연계급을 설정하고 있다. 이 절연계급에 해당하는 내용을 무엇이라 부르는가?**

① 제한전압 ② 기준충격 절연강도
③ 상용주파 내전압 ④ 보호계전

해설
기준충격 절연강도 : 기기의 절연을 표준화하고 통일된 절연 체계를 구성하기 위한 절연계급 설정
⇒ 피뢰기 제한전압 기준

28 **계통 내의 각 기계기구 및 애자 등의 상호간에 적정한 절연강도를 지니게 함으로써 계통설계를 합리적으로 할 수 있게 한 것은 무엇이라 하는가?**

① 기준충격 절연강도 ② 보호계전방식
③ 절연계급 선정 ④ 절연 협조

해설
절연 협조 : 보호기와 피보호기와의 상호절연 협력관계
(계통전체의 신뢰도를 높이고 경제적, 합리적인 설계를 한다.)

정답 26 ① 27 ② 28 ④

29 **직격뢰에 대한 방호설비로 가장 적당한 것은?**

① 복도체　　② 가공지선
③ 서지흡수기　　④ 정전방전기

해설
외부이상전압 방호대책
가공지선은 직격뢰에 대한 방호설비를 말한다.

30 **전력계통에서 내부 이상전압의 크기가 가장 큰 경우는?**

① 유도성 소전류 차단 시
② 수차발전기의 부하 차단 시
③ 무부하 선로 충전전류 차단 시
④ 송전선로의 부하 차단기 투입 시

해설
내부 이상전압
무부하 충전전류 차단 시 가장 크다.

31 **송전선로에서 가공지선을 설치하는 목적이 아닌 것은?**

① 뇌(雷)의 직격을 받을 경우 송전선 보호
② 유도뢰에 의한 송전선의 고전위 방지
③ 통신선에 대한 전자유도장해 경감
④ 철탑의 접지저항 경감

해설
가공지선
직격뇌와 유도뢰를 방지하며 통신선에 유도장해를 경감한다.

정답 29 ④ 30 ③ 31 ④

chapter

08

보호 계전기와 개폐장치

08 CHAPTER 보호 계전기와 개폐장치

01 간이 수전설비(옥외 : 옥상, 주상)

(1) PF형

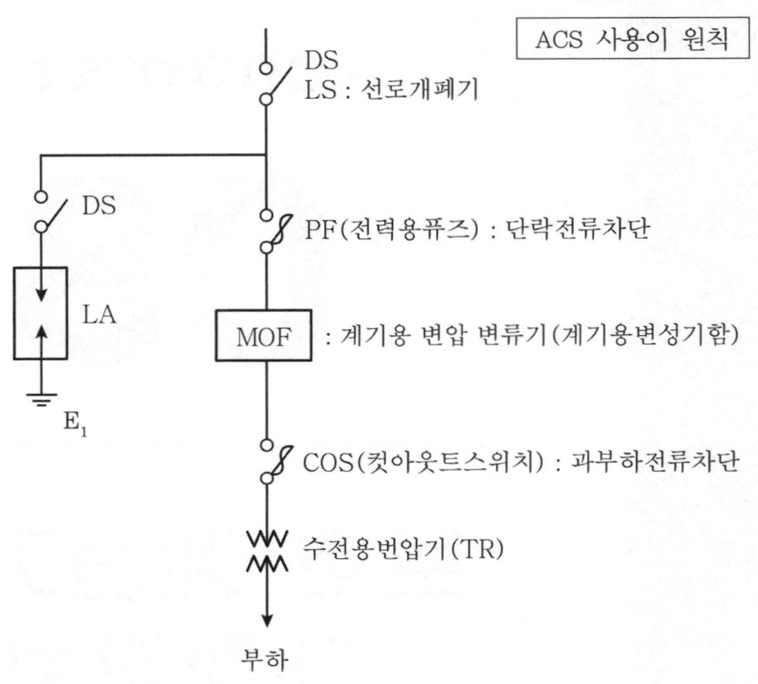

※ 전력용 퓨즈의 장단점(차단기와 비교)

① 장점

㉠ 가격이 싸다.

㉡ 소형, 경량이다.

㉢ 고속 차단된다.

㉣ 보수가 간단하다.

㉤ 차단 능력이 크다.

② 단점

㉠ 재투입이 불가능하다.

㉡ 과도전류에 용단되기 쉽다.

㉢ 계전기를 자유로이 조정할 수 없다.

㉣ 한류형은 과전압을 발생한다.

㉤ 고임피던스 접지사고는 보호할 수 없다.

(2) PF-CB형 : 6.6[KV]

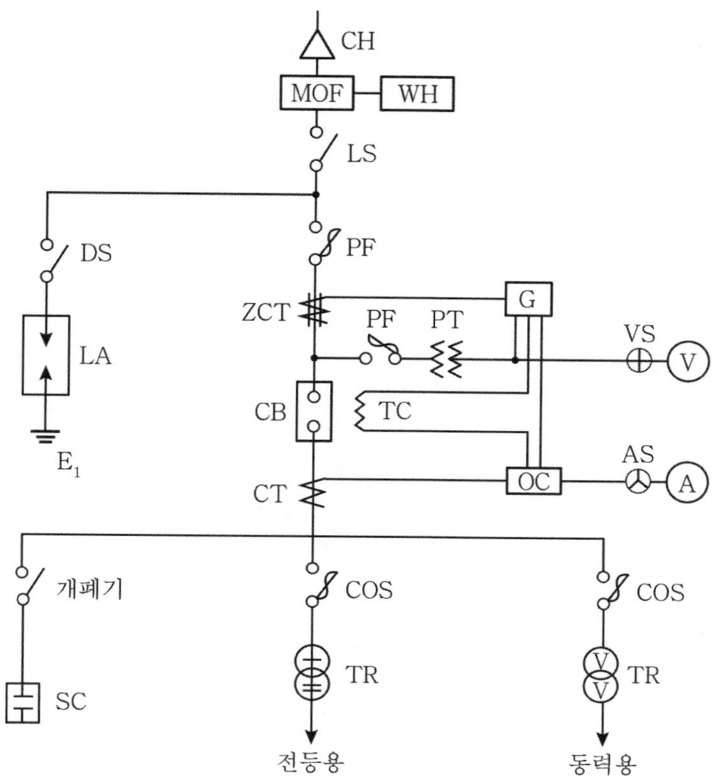

명칭	약호	심벌(단선도)	용어(역할)
케이블헤드	CH		가공전선과 케이블 단말(중단) 접속
단로기	DS		수리점검시 무부하 전류 개폐
피뢰기	LA	LA	뇌전류를 대지로 방전하고 속류차단
접지			이상편입방지
전력 수급용 계기용 변성기	PF		단원전류 차단
계기용 변압 변류기	MOF	MOF	전력량계 전원 공급
영상 변류기	ZCT		영상전류 검출
계기용 변압기	PT		고전압을 저전압으로 변성
교류 차단기	CB		사고전류 차단 및 무부하전류 개폐

명칭	약호	심벌(단선도)	용어(역할)
트립코일	TC		사고전류에 의해 차단기 개폐
변류기	CT		대전류를 소전류로 변류
접지(영상) 계전기	GR	GR	영상전류에 의해 동작하며 트립코일여자
과전류 계전기	OCR	OCR	과전류에 의해 동작하며 트립여자
전압계용 개폐기	VS		3φ전압을 1φ전압으로 전류 측정
전류전환 개폐기	AS		3φ전압을 1φ전류로 전환 측정
전압계	V		전압측량
전류계	A		전류측량
전력용 콘덴서	SC		무효전력 공급하여 부하의 역률개선
방전코일	DC		잔류전하 방전
직렬리액터	SR		제5고조파 제거
컷아웃 스위치	COS		과부하전류 차단

02 보호 계전기

(1) 보호 계전기의 구비조건

① 고장의 정도 및 위치를 정확히 파악할 것
② 고장 개소를 정확히 선택할 것
③ 동작이 예민하고 오동작이 없을 것
④ 소비전력이 적고, 경제적일 것
⑤ 후비 보호능력이 있을 것

(2) 동작시간에 의한 분류

① 순한시 계전기 : 규정된 이상의 전류가 흐르면 즉시 동작(0.3초 이내)
※ 고속도 계전기 : 0.5~2[HZ] 내에 동작하는 계전기
② 정한시 계전기 : 규정된 이상의 전류가 흐를 때 전류의 크기와 관계없이 일정시간 후 동작
③ 반한시 계전기 : 전류가 크면 동작시간은 짧고, 전류가 작으면 동작시간은 길어지는 계전기 (반대로 동작)
④ 반한시-정한시 계전기 : 전류가 작은 구간은 반한시 특성, 전류가 일정 범위를 넘으면 정한시 특성을 갖는 계전기

(3) 기능(용도)상의 분류

① 단락보호용

㉠ 과전류 계전기(OCR, 51)
- 과전류에 동작
- 과부하전류
- 단락전류 검출시 동작

(OCR 탭 전류 = 부하전류 $\times \dfrac{1}{CT\text{비}} \times 1.2$ → 계전기 최소 동작 전류)

㉡ 부족전압 계전기(UVR, 27) : 전압이 정격전압보다 부족할 경우 동작
㉢ 단락 방향 계전기(DSR, 67S) : 단락된 방향을 검출하여 동작
㉣ 선택 단락 계전기(SSR, 50S) : 단락된 회선을 검출하여 동작
㉤ 거리 계전기 → 임피던스(선로) 계전기 : 전압과 전류비가 바뀌었을 때 동작
(기억작용 : 고장 후에도 일정 시간 동안 건전상 전압을 기억하는 작용)

② 지락보호용 : 지락계전기(GR) → 영상변류기(ZCT)와 조합하여 사용
㉠ 선택 지락 계전기(SGR) : 2회선 이상(다회선) 사고난 회선만 선택차단
㉡ 방향 지락 계전기(DGR) : 환상선로 지락사고 보호

③ 발전기 · 변압기(모선) 보호용

㉠ 차동 계전기(단상) : 양쪽 전류차에 의해 동작

㉡ 비율차동 계전기(3상)

㉢ 과전류 계전기

㉣ 부흐홀쯔 계전기 : 변압기 내부 고장 보호(변압기만 보호)

※ 설치위치 : 변압기 주탱크와 콘서베이터 파이프 중간에 시설 → 열화 방지

※ 변압기 보호 계전기 : 부흐홀쯔 계전기, 차동 계전기, 비율차동 계전기, 온도 계전기 과전류 계전기, 압력 계전기, 가스 검출 계전기

④ 계기용 계전기

㉠ 계기용 변성기(PT) : 고전압을 저전압으로 변성하는 기기
- 2차 측에 전압계 설치
- 2차 전압 : 110[V]
- 점검시 : 2차 측 개방

㉡ 계기용 변류기(CT) : 대전류를 소전류로 변류하는 기기
- 2차 측에 전류계 설치
- 2차 전류 : 5[A]
- 점검시 : 2차 측 단락 → 2차 측 절연보호

㉢ 계기용 변압 변류기(MOF, PCT) : 한 탱크에 PT와 CT조합

㉣ 영상 변류기(ZCT) : 영상 전류를 검출하여 지락(접지) 계전기에 공급

㉤ 계기용 접지 변압기(GPT) : 영상 전압을 검출하여 지락(접지) 계전기에 공급

2차전압 : $110\sqrt{3} = 190[V]$

⑤ 기타 계전방식

㉠ 전력 반송 보호 계전방식 : 방향비교, 위상비교, 고속도 거리 + 기타방식

㉡ 표시선 계전방식 : 전압방향, 전류순환, 방향비교

㉢ 트랜지스터 계전방식 : CT, PT 부담이 작아 오차를 작게 한 계전방식

03 개폐기 : 사고 발생시 사고구간을 신속하게 구분, 제거

(1) 개폐기 종류

① 단로기(DS) : 무부하전류 개폐 → 기기 보수, 점검시 전원으로부터 분리

② 개폐기(OS, AS) : 무부하, 부하전류 개폐 → 배전선로 보수, 점검시 정전구간 축소

③ 차단기(CB) : 무부하전류, 부하전류 및 고장전류 차단

구분	무부하전류	부하전류	고장전류
단로기	○	×	×
유입개폐기	○	○	×
차단기	○	○	○

(2) 차단기 소호 매질에 의한 분류

① 유입 차단기(OCB) : 절연유 사용, 방음 장치는 필요 없다. (소음이 없다.)
붓싱 변류기 사용

② 공기 차단기(ABB) : 10기압 이상의 압축공기를 이용(차단만 가능) $10 \sim 30(kg/m^2)$

※ 차단과 투입 모두 압축공기를 이용 → 임펄스 차단기

③ 가스 차단기(GCB) : SF_6가스 사용, 소음이 작다. ⇒ 154[KV]급 이상 변전소에 사용

(SF_6가스 : 무색, 무미, 무취, 무해이고 불연성이며 소호능력 및 절연내력이 크다.)

보호 장치 : 가스 압력계, 가스 밀도 검출계, 조작 압력계

④ 진공 차단기(VCB) : 진공상태에서 전류개폐, 소음이 작다. ⇒ 현재 가장 많이 사용

⑤ 자기 차단기(MBB) : 전자력을 이용(주파수에 영향을 받지 않는다.)

※ { ACB : 기중 차단기 → 옥내 간선 보호
NFB : 배선용 차단기 → 옥내 분기선 보호 }

(3) 차단기 동작책무에 의한 분류

※ 동작책무의 정의 : 투입, 차단 동작을 일정시간 간격을 두고 행하는 일련의 동작

① 일반형 { 갑(A)종 : O → 1분 → CO → 3분 → CO
을(B)종 : CO → 15초 → CO }

② 고속도형 : O → t(θ) → CO → 1분 → CO

(4) 정격차단 시간 : 트립코일 여자로부터 아크 소호까지 걸리는 시간 → 3 ~ 8[HZ]

(개극시간) (아크시간)

(5) 차단기 용량(차단기의 정격차단 용량) = $\sqrt{3}$ × 정격전압 × 정격차단전류

(6) 차단기와 단로기 조작 순서

① 정전 : CB → DS
② 급전 : DS → CB

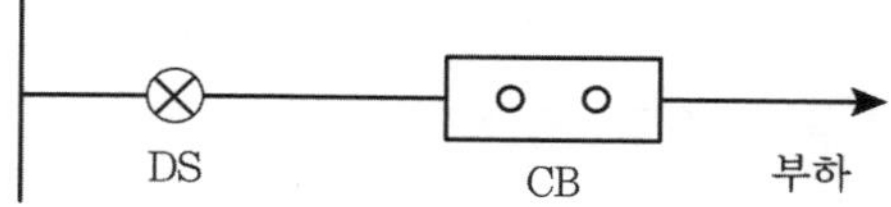

※ 인터록 : 차단기가 열려 있어야만 단로기 개폐가능(상대 동작 금지회로)

※ 주상 변압기

- 1차 측 보호 : 컷 아웃 스위치(COS)
- 2차 측 보호 : 캣치 홀더(저압 퓨즈)

※ 선로 고장 발생시 보호협조 순서 : R - S - F
리콜로저(Recoloser) - 섹셔널라이저(Sectionalizer) - 퓨즈(Fuse)

- 리콜로저 : 고속도 재폐로 차단기
- 섹셔널라이저 : 선로 고장시 후비 보호장치인 리콜로저나 재폐로 계전기가 장치된 차단기의 고장 차단으로 선로가 정전상태일 때 자동으로 개방되어 고장 구간을 분리시키는 선로 개폐기로서 반드시 리콜로저와 조합해서 사용해야 한다. 단, 영구 고장일 경우에는 정해진 재투입 동작을 반복한 후 사고 구간만을 계통에서 분리하여 선로에 파급되는 정전 범위를 최소한으로 억제하도록 한다.

CHAPTER 08 출제예상문제

01 **전력용 퓨즈는 주로 어떤 전류의 차단 목적으로 사용하는가?**

① 단락전류　② 과부하전류　③ 충전전류　④ 과도전류

해설

전력용 퓨즈 : 단락전류 차단

㉠ 장점
- 가격이 싸다.
- 소형, 경량이다.
- 고속 차단된다.
- 보수가 간단하다.
- 차단 능력이 크다.

㉡ 단점
- 재투입이 불가능하다.
- 과도전류에 용단되기 쉽다.
- 계전기를 자유로이 조정할 수 없다.
- 한류형은 과전압을 발생한다.
- 고임피던스 접지사고는 보호할 수 없다.

02 **전력용 퓨즈에 대한 설명 중 옳지 않은 것은?**

① 차단용량이 크다.　② 보수가 간단하다.
③ 정전용량이 크다.　④ 가격이 저렴하다.

해설

①, ②, ④는 전력용 퓨즈의 장점이다.

03 **보호 계전기가 구비하여야 할 조건이 아닌 것은?**

① 보호 동작이 정확, 확실하고 감도가 예민할 것
② 열적, 기계적으로 견고할 것
③ 가격이 싸고 또 계전기의 소비전력이 클 것
④ 오래 사용하여도 특성의 변화가 없을 것

해설

보호 계전기의 구비조건
㉠ 고장의 정도 및 위치를 정확히 파악할 것
㉡ 고장 개소를 정확히 선택할 것
㉢ 동작이 예민하고 오동작이 없을 것
㉣ 소비전력이 적고, 경제적일 것
㉤ 후비 보호능력이 있을 것

정답 01 ① 02 ③ 03 ③

04 **동작전류가 커질수록 동작시간이 짧게 되는 특성을 가진 계전기는?**

① 반한시 계전기 ② 정한시 계전기
③ 순한시 계전기 ④ 반한시-정한시 계전기

해설

동작시간에 의한 분류
㉠ 순한시 계전기 : 규정된 이상의 전류가 흐르면 즉시 동작(0.3초 이내)
※ 고속도 계전기 : 0.5~2[HZ] 내에 동작하는 계전기
㉡ 정한시 계전기 : 규정된 이상의 전류가 흐를 때 전류의 크기와 관계없이 일정시간 후 동작
㉢ 반한시 계전기 : 전류가 크면 동작시간은 짧고, 전류가 작으면 동작시간은 길어지는 계전기 (반대로 동작)
㉣ 반한시-정한시 계전기 : 전류가 작은 구간은 반한시 특성, 전류가 일정 범위를 넘으면 정한시 특성을 갖는 계전기

05 **동작전류의 크기에 관계없이 일정한 시간에 동작하는 특성을 가진 계전기는?**

① 순한시 계전기 ② 정한시 계전기
③ 반한시 계전기 ④ 반한시, 정한시 계전기

해설

정한시 계전기 : 규정된 이상의 전류가 흐를 때 전류의 크기와 관계없이 일정시간 후 동작

06 **보호 계전기의 한시특성 중 정한시에 관한 설명을 바르게 표현한 것은?**

① 입력 크기에 관계없이 정해진 시간에 동작한다.
② 입력이 커질수록 정비례하여 동작한다.
③ 입력 150%에서 0.2초 이내에 동작한다.
④ 입력 250%에서 0.04초 이내에 동작한다.

해설

정한시 계전기 : 규정된 이상의 전류가 흐를 때 전류의 크기와 관계없이 일정시간 후 동작

정답 04 ① 05 ② 06 ①

07 송전선로의 단락사고에 대한 보호 계전기는?

① 과전류 계전기 ② 차동 계전기 ③ 과전압 계전기 ④ 접지 계전기

해설

단락보호용

㉠ 과전류 계전기(OCR, 51) : 과부하 전류, 단락전류 검출시 동작

(OCR 탭 전류 = 부하전류 $\times \frac{1}{CT\text{비}} \times 1.2$ → 계전기 최소 동작전류)

㉡ 부족전압 계전기(UVR, 27) : 전압이 정격전압보다 부족할 경우 동작

㉢ 단락 방향 계전기(DSR, 67S) : 단락된 방향을 검출하여 동작

㉣ 선택 단락 계전기(SSR, 50S) : 단락된 회선을 검출하여 동작

㉤ 거리 계전기 → 임피던스(선로) 계전기 : 전압과 전류비가 바뀌었을 때 동작

(기억작용 : 고장 후에도 일정 시간 동안 건전상 전압을 기억하는 작용)

08 과부하 또는 외부의 단락 사고시에 동작하는 계전기?

① 차동 계전기 ② 과전압 계전기

③ 과전류 계전기 ④ 부족전압 계전기

해설

과전류 계전기(OCR, 51) : 과부하 전류, 단락전류 검출시 동작

09 과전류 계전기(OCR)의 탭 값을 옳게 설명한 것은?

① 계전기의 최대 부하전류 ② 계전기의 최소 동작전류

③ 계전기의 동작시한 ④ 변류기의 권수비

해설

OCR 탭 전류 = 부하전류 $\times \frac{1}{CT\text{비}} \times 1.2$ → 계전기 최소 동작전류

10 임피던스 계전기라고도 하며 선로의 단락보호 또는 계통 탈조사고의 검출용으로 사용되는 계전기는?

① 변화폭 계전기 ② 거리 계전기

③ 차동 계전기 ④ 방향 계전기

정답 07 ① 08 ③ 09 ② 10 ②

해설

거리 계전기 → 임피던스(선로) 계전기 : 전압과 전류비가 바뀌었을 때 동작
(기억작용 : 고장 후에도 일정 시간 동안 건전상 전압을 기억하는 작용)

11 **전압이 정정치 이하로 되었을 때 동작하는 것으로서 단락 검출 등에 사용되는 계전기는?**

① 부족전압 계전기　　② 비율차동 계전기
③ 재폐로 계전기　　④ 선택 계전기

해설

부족전압 계전기(UVR, 27) : 전압이 정격전압보다 부족할 경우 동작

12 **중성점 저항 접지방식의 병행 2회선 송전선로의 지락사고 차단에 사용되는 계전기는?**

① 거리 계전기　　② 선택접지 계전기
③ 과전류 계전기　　④ 역상 계전기

해설

지락보호용 : 지락 계전기(GR) → 영상 변류기(ZCT)와 조합하여 사용
㉠ 선택지락 계전기(SGR) : 2회선 이상(다회선) 사고난 회선만 선택차단
㉡ 방향지락 계전기(DGR) : 환상선로 지락사고 보호

13 **송전선로의 보호방식으로 지락에 대한 보호는 영상전류를 이용하여 어떤 계전기를 동작시키는가?**

① 차동 계전기　　② 전류 계전기
③ 방향 계전기　　④ 접지 계전기

해설

지락보호용 : 지락 계전기(GR) → 영상 변류기(ZCT)와 조합하여 사용

14 **비접지 3상 3선식 배전선로에서 선택지락 보호를 하려고 한다. 필요치 않은 것은?**

① DG　　② CT
③ ZCT　　④ GPT

정답 11 ① 12 ② 13 ④ 14 ②

해설

지락보호용 : 지락 계전기(GR) → 영상 변류기(ZCT)와 조합하여 사용
㉠ 선택지락 계전기(SGR) : 2회선 이상(다회선) 사고난 회선만 선택차단
㉡ 방향지락 계전기(DGR) : 환상선로 지락사고 보호

15 **영상 변류기를 사용하는 계전기는?**

① 과전류 계전기 ② 저전압 계전기
③ 지락과전류 계전기 ④ 과전압 계전기

해설

영상 변류기를 사용하는 계전기는 지락과전류 계전기이다.

16 **선택접지 계전기의 용도는?**

① 단일회선에서 접지전류의 대소 선택
② 단일회선에서 접지전류의 방향 선택
③ 단일회선에서 접지사고의 지속시간 선택
④ 다회선에서 접지고장 회선의 선택

해설

선택접지 계전기의 용도는 다회선에서 접지고장 회선의 선택에 사용된다.

17 **환상선로의 단락보호에 사용하는 계전방식은?**

① 방향거리 계전방식 ② 비율차동 계전방식
③ 과전류 계전방식 ④ 선택접지 계전방식

해설

방향거리 계전방식은 환상선로의 단락보호에 사용하는 계전방식이다.

18 **송전선로의 단락보호 계전방식이 아닌 것은?**

① 과전류 계전방식 ② 단락방향 계전방식
③ 거리 계전방식 ④ 과전압 계전방식

정답 15 ③ 16 ④ 17 ① 18 ④

해설

④는 부족전압 계전방식이다.

19 발전기의 내부 단락사고를 검출하기 위하여 사용되는 보호 계전기는?

① 비율차동 계전기
② 지락 계전기
③ 계자상실 계전기
④ 과전류 계전기

해설

발전기 · 변압기(모선) 보호용 계전기
㉠ 차동 계전기(단상) : 양쪽 전류차에 의해 동작
㉡ 비율차동 계전기(3상)
㉢ 과전류 계전기
㉣ 부흐홀쯔 계전기 : 변압기 내부 고장 보호(변압기만 보호)
※ 설치위치 : 변압기 주탱크와 콘서베이터 파이프 중간에 시설 → 열화 방지
※ 변압기 보호 계전기 : 부흐홀쯔 계전기, 차동 계전기, 비율차동 계전기, 온도 계전기
과전류 계전기, 압력 계전기, 가스 검출 계전기

20 모선보호에 사용되는 방식은?

① 전력평형 보호방식
② 전류차동 보호방식
③ 표시선 계전방식
④ 방향단락 계전방식

해설

② 전류차동 보호방식은 모선보호에 사용되는 방식이다.

21 변압기의 내부고장 보호에 사용되는 계전기는?

① 전압 계전기
② 접지 계전기
③ 거리 계전기
④ 비율차동 계전기

해설

④ 비율차동 계전기는 변압기의 내부고장 보호에 사용되는 계전기이다.

정답 19 ① 20 ② 21 ④

22 변압기를 보호하기 위한 계전기로 사용되지 않는 것은?

① 비율차동 계전기
② 온도 계전기
③ 부흐홀쯔 계전기
④ 선택접지 계전기

해설

변압기 보호 계전기 : 부흐홀쯔 계전기, 차동 계전기, 비율차동 계전기, 온도 계전기
과전류 계전기, 압력 계전기, 가스 검출 계전기

23 다음의 보호 계전기와 보호 대상의 결합으로 적당한 것은?

보호대상		보호 계전기	
보호대상	• 발전기의 상간 층간 단락보호 : A • 변압기의 내부 고장 : B • 송전선의 단락보호 : C • 고압 전동기 : D	보호 계전기	• 차동 계전기 : DF • 부흐홀쯔 계전기 : BH • 지락 회선 선택 계전기 : SG • 과전류 계전기 : OC

① A-DF, B-BH, C-SG, D-OC
② A-SG, B-BH, C-OC, D-DF
③ A-DF, B-SG, C-OC, D-BH
④ A-BH, B-OC, C-DF, D-SG

해설

19번과 동일

24 계통에 연결되어 운전 중인 변류기를 점검할 때 2차 측을 단락하는 이유는?

① 1차 측의 과전류 방지
② 2차 측의 과전류 방지
③ 2차 측의 절연보호
④ 측정 오차방지

해설

계기용 계전기

㉠ 계기용 변성기(PT) : 고전압을 저전압으로 변성하는 기기
- 2차 측에 전압계 설치
- 2차 전압 : 110[V]
- 점검시 : 2차 측 개방

㉡ 계기용 변류기(CT) : 대전류를 소전류로 변류하는 기기
- 2차 측에 전류계 설치
- 2차 전류 : 5[A]
- 점검시 : 2차 측 단락 → 2차 측 절연보호

정답 22 ④ 23 ① 24 ③

㉢ 전력수급용 계기용 변성기(MOF, PCT) : 한 탱크에 PT와 CT조합
㉣ 영상 변류기(ZCT) : 영상 전류를 검출하여 지락(접지) 계전기에 공급
㉤ 접지형 계기용 변압기(GPT) : 영상 전압을 검출하여 지락(접지) 계전기에 공급
2차 전압 : $110\sqrt{3} = 190[V]$

25 배전반에 접속되어 운전 중인 PT와 CT를 점검할 때의 조치사항으로 옳은 것은?

① CT는 단락시킨다.
② PT는 단락시킨다.
③ CT와 PT 모두를 단락시킨다.
④ CT와 PT 모두를 개방시킨다.

해설
24번과 동일

26 66[KV] 비접지 송전계통에서 영상전압을 얻기 위하여 변압비가 66,000/110[V]인 PT 3개를 그림과 같이 접속하였다. 66[KV] 선로 측에서 1선 지락고장시 2차 측 개방단에 나타나는 전압은 약 몇 [V]인가?

① 110 ② 190
③ 220 ④ 330

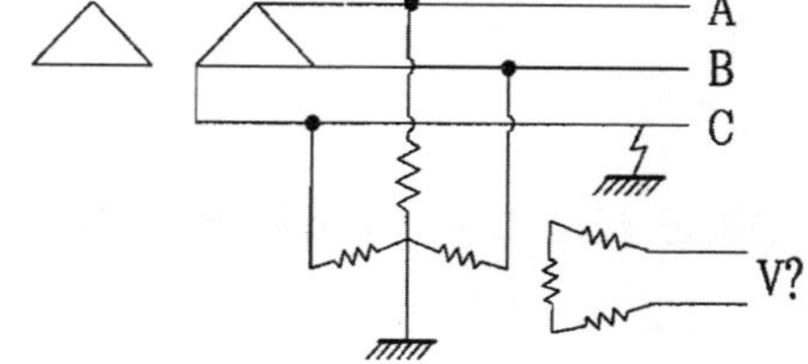

해설
2차 전압 : $110\sqrt{3} = 190[V]$

27 그림에서 계기 A가 지시하는 것은?

① 정상 전류 ② 영상 전압
③ 역상 전압 ④ 정상 전압

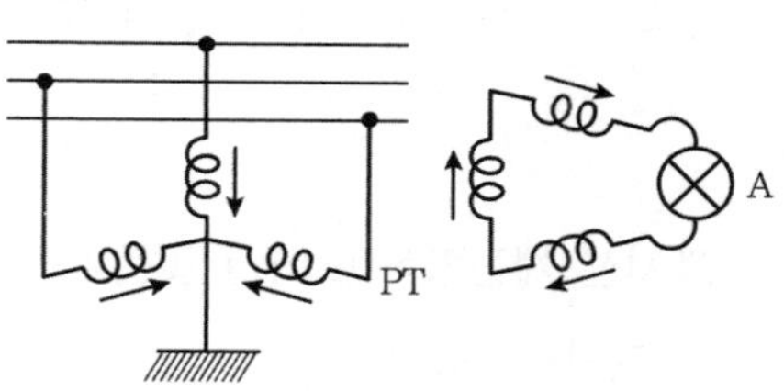

해설
24번과 동일

정답 25 ① 26 ② 27 ②

28 파일럿 와이어 계전방식에 해당되지 않는 것은?

① 고장점 위치에 관계없이 양단을 동시에 고속 차단할 수 있다.
② 송전선에 평형하도록 양단을 연락한다.
③ 고장시 장해를 받지않게 하기 위하여 연피케이블을 사용한다.
④ 고장점 위치에 관계없이 부하측 고장을 고속 차단한다.

해설
고장점의 위치와 무관하게 양단을 동시에 고속도 차단한다.

29 전력선 반송 보호 계전방식의 장점이 아닌 것은?

① 장치가 간단하고 고장이 없으며 계전기의 성능 저하가 없다.
② 고장의 선택성이 우수하다.
③ 동작이 예민하다.
④ 고장점이나 계통의 여하에 불구하고 선택차단개소를 동시에 고속도 차단할 수 있다.

해설
전력선 반송 계전방식
장점 : 선택차단개소 동시 고속 차단 가능
고장 선택성이 우수하다.
단점 : 장치가 복잡하다.

30 전력선 반송 보호 계전방식의 종류가 아닌 것은?

① 방향비교방식
② 전압차동보호방식
③ 위상비교방식
④ 고속도 거리계전기와 조합하는 방식

해설
전력 반송 보호 계전방식 : 방향비교, 위상비교, 고속도 거리 + 기타방식

31 표시선 계전방식이 아닌 것은?

① 전압방향방식
② 방향비교방식
③ 전류순환방식
④ 반송계전방식

정답 28 ④ 29 ① 30 ② 31 ④

해설

표시선 계전방식 : 전압방향, 전류순환, 방향비교

32 부하전류의 차단능력이 없는 것은?

① NFB ② OCB ③ VCB ④ DS

해설

단로기(DS) : 무부하 전류 개폐

33 단로기에 대한 설명으로 옳지 않은 것은?

① 소호장치가 있어서 아크를 소멸시킨다.
② 회로를 분리하거나 계통의 접속을 바꿀 때 사용한다.
③ 고장전류는 물론 부하전류의 개폐에도 사용할 수 없다.
④ 배전용의 단로기는 보통 디스커넥팅 바로 개폐한다.

해설

32번과 동일

34 다음 중 무부하시의 충전전류 차단만이 가능한 기기는?

① 진공차단기 ② 유입차단기
③ 단로기 ④ 자기차단기

해설

③ 단로기는 무부하시의 충전전류 차단만이 가능한 기기이다.

35 과부하 전류는 물론 사고 때의 대전류도 개폐할 수 있는 것은?

① 단로기 ② 나이프스위치
③ 차단기 ④ 부하 개폐기

해설

차단기(CB) : 무부하 전류, 부하 전류 및 고장전류 차단

정답 32 ④ 33 ① 34 ③ 35 ③

36 **배전선로의 고장 또는 보수점검시 정전구간을 축소하기 위하여 사용되는 것은?**

① 단로기 ② 컷아웃 스위치
③ 계자 저항기 ④ 유입 개폐기

해설

개폐기 : 배전선로 고장 또는 보수점검시 정전구간 축소

37 **차단기의 정격 투입전류란 투입되는 전류의 최소주파수의 어떤 값을 말하는가?**

① 평균값 ② 최댓값
③ 실효값 ④ 순시값

해설

차단기 정격 투입전류 : 최댓값

38 **유입 차단기에 대한 설명으로 옳지 않은 것은?**

① 기름이 분해하여 발생되는 가스의 주성분은 수소가스이다.
② 붓싱 변류기를 사용할 수 없다.
③ 기름이 분해하여 발생된 가스는 냉각작용을 한다.
④ 보통 상태의 공기 중에서보다 소호능력이 크다.

해설

차단기 소호 매질에 의한 분류
㉠ 유입 차단기(OCB) : 절연유 사용, 방음 장치는 필요 없다(소음이 없다).
붓싱 변류기 사용
㉡ 공기 차단기(ABB) : 10기압 이상의 압축공기를 이용(차단만 가능)
※ 차단과 투입 모두 압축공기를 이용 → 임펄스 차단기
㉢ 가스 차단기(GCB) : SF_6가스 사용, 소음이 작다. ⇒ 154[KV]급 이상 변전소에 사용
(SF_6가스 : 무색, 무미, 무취, 무해이고 불연성이며 소호능력 및 절연내력이 크다.)
보호장치 : 가스 압력계, 가스 밀도 검출계, 조작 압력계
㉣ 진공 차단기(VCB) : 진공상태에서 전류개폐, 소음이 작다. ⇒ 현재 가장 많이 사용
㉤ 자기 차단기(MBB) : 전자력을 이용(주파수에 영향을 받지 않는다.)

정답 36 ④ 37 ② 38 ②

39 그림은 유입 차단기 구조도이다. A의 명칭은?

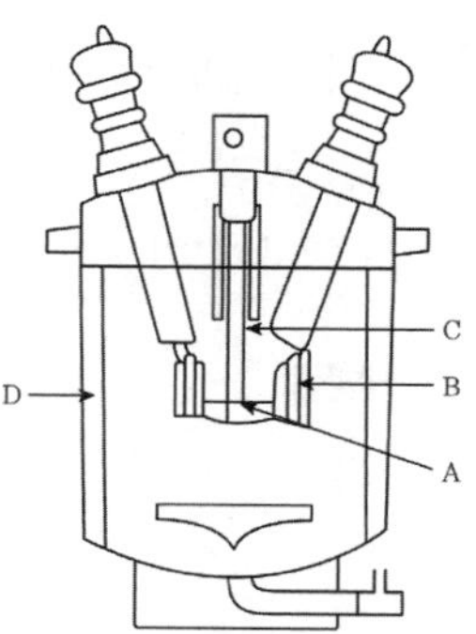

① 절연 liner
② 승강간
③ 가동 접촉자
④ 고정 접촉자

해설
A : 가동 접촉자, B : 고정 접촉자, C : 승강간, D : 절연 라이너

40 수십 기압의 압축공기를 소호실 내의 아크에 급부하여 아크 흔적을 급속히 치환하며 차단 정격 전압이 가장 높은 차단기는?

① MBB ② ABB ③ VCB ④ ACB

해설
공기 차단기(ABB) : 10기압 이상의 압축공기를 이용(차단만 가능)

41 투입과 차단을 다같이 압축공기의 힘으로 하는 것은?

① 유입 차단기 ② 팽창 차단기
③ 재점호 차단기 ④ 임펄스 차단기

해설
차단과 투입 모두 압축공기를 이용 → 임펄스 차단기

42 자기 차단기의 특징으로 옳지 않은 것은?

① 화재의 위험이 적다.
② 보수 점검이 비교적 쉽다.
③ 전류 절단에 의한 와전류가 발생되지 않는다.
④ 회로의 고유주파수에 의하여 차단 성능이 좌우된다.

해설
자기 차단기(MBB) : 전자력을 이용(주파수에 영향을 받지 않는다.)

정답 39 ③ 40 ② 41 ④ 42 ④

43 **차단기와 차단기의 소호매질이 틀리게 연결된 것은?**

① 공기 차단기 – 압축공기 ② 가스 차단기 – SF_6가스
③ 자기 차단기 – 진공 ④ 유입 차단기 – 절연유

해설
③ 자기 차단기 – 전자력

44 **차단기를 신규로 설치할 때 소내용 전력공급용(6[KV]급)으로 현재 가장 많이 채용되고 있는 것은?**

① OCB ② GCB
③ VCB ④ ABB

해설
진공 차단기(VCB) : 진공상태에서 전류개폐, 소음이 작다. ⇒ 현재 가장 많이 사용

45 **최근 154[KV]급 변전소에 주로 설치되는 차단기의 종류는 어느 것인가?**

① 자기 차단기(MBB) ② 유입 차단기(OCB)
③ 기중 차단기(ACB) ④ SF_6가스 차단기(GCB)

해설
가스 차단기(GCB) : SF_6가스 사용, 소음이 작다. ⇒ 154[KV]급 이상 변전소에 사용

46 **다음 중 가스 차단기(GCB)의 보호장치가 아닌 것은?**

① 가스 압력계 ② 가스 밀도 검출계
③ 조작 압력계 ④ 가스 성분 표시계

해설
보호장치 : 가스 압력계, 가스 밀도 검출계, 조작 압력계

정답 43 ③ 44 ③ 45 ④ 46 ④

47 **현재 널리 사용되고 있는 GCB(Gas Circuit Breaker)용 가스는?**

① SF_6가스 ② 알곤가스
③ 네온가스 ④ N_2가스

해설
SF_6가스 : 무색, 무미, 무취, 무해이고 불연성이며 소호능력 및 절연내력이 크다.

48 **SF_6가스 차단기의 설명이 잘못된 것은?**

① SF_6가스는 절연내력이 공기의 2~3배이고, 소호능력이 공기의 100~200배이다.
② 밀폐구조이므로 소음이 없다.
③ 근거리 고장 등 가혹한 재기전압에 대해서 우수하다.
④ 아크에 의한 SF_6가스는 분해되어 유독 가스를 발생시킨다.

해설
④ SF_6가스는 무해하다.

49 **차단기에서 O – 1분 – CO – 3분 – CO인 것의 의미는? (단, O : 차단동작, C : 투입동작, CO : 투입동작에 뒤따라 곧 차단동작)**

① 일반 차단기의 표준 동작책무
② 자동 재폐로용
③ 정격차단용량 50[mA] 미만의 것
④ 무 전압시간

해설
차단기 동작책무
㉠ 일반형 { 갑(A)종 : O → 1분 → CO → 3분 → CO
을(B)종 : CO → 15초 → CO }
㉡ 고속도형 : O → t(θ) → CO → 1분 → CO

정답 47 ① 48 ④ 49 ①

50 차단기의 차단책무가 가벼운 것은?

① 중성점 저항 접지 계통의 지락 전류 차단
② 중성점 직접 접지 계통의 지락 전류 차단
③ 중성점을 소호 리액터로 접지한 장거리 송전선로의 충전 전류 차단
④ 송전 선로의 단락 사고시의 차단

해설
소호 리액터 접지시 사고전류(지락전류)가 최소이므로 동작책무가 가장 가볍다.

51 재폐로 차단기에 대한 설명으로 옳은 것은?

① 배전 선로용은 고장 구간을 고속 차단하여 제거한 후 다시 수동조작에 의해 배전되도록 설계된 것이다.
② 재폐로 계전기와 함께 설치하여 계전기가 고장을 검출하여 이를 차단기에 통보 차단하도록 된 것이다.
③ 송전선로의 고장구간을 고속 차단하고 재송전하는 조작을 자동적으로 시행하는 재폐로 차단장치를 장비한 자동 차단기이다.
④ 3상 재폐로 차단기는 1상의 차단이 가능하고 무전압 시간을 약 20~30초로 정하여 재폐로 하도록 되어 있다.

해설
재폐로 차단기 : 송전선로의 고장구간을 고속 차단하고 재송전하는 조작을 자동적으로 시행하는 재폐로 차단장치

52 차단기의 정격차단 시간은?

① 고장 발생부터 소호까지의 시간
② 트립코일 여자부터 소호까지의 시간
③ 가동 접촉자 시동부터 소호까지의 시간
④ 가동 접촉자 개극부터 소호까지의 시간

해설
정격차단 시간 : 트립코일 여자로부터 아크 소호까지 걸리는 시간 → 3~8[HZ]
(개극시간) (아크시간)

정답 50 ③ 51 ③ 52 ②

53 그림과 같은 배전선이 있다. 부하에 급전 및 정전할 때 조작방법으로 옳은 것은?

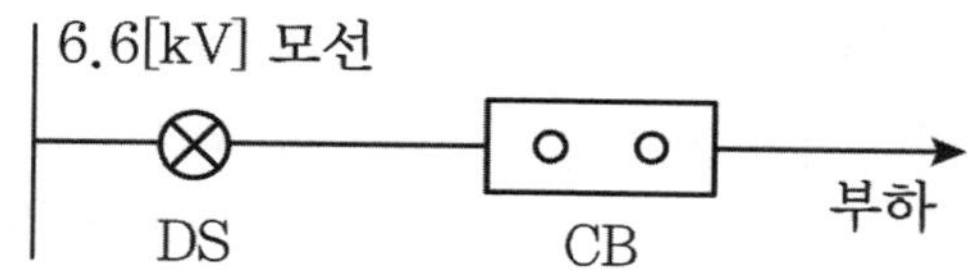

① 급전 및 정전할 때는 항상 DS, CB순으로 한다.
② 급전 및 정전할 때는 항상 CB, DS순으로 한다.
③ 급전시는 DS, CB순이고 정전시는 CB, DS순이다.
④ 급전시는 CB, DS순이고 정전시는 DS, CB순이다.

해설
정전 : CB → DS, 급전 : DS → CB

54 인터록에 대한 설명 중 옳은 것은?

① 차단기가 열려 있어야지만 단로기를 닫을 수 있다.
② 차단기와 단로기는 제각기 열리고 닫힌다.
③ 차단기가 닫혀 있어야만 단로기를 닫을 수 있다.
④ 차단기의 접점과 단로기의 접점이 기계적으로 연결되어 있다.

해설
인터록 : 차단기가 열려 있어야만 단로기 개폐가능(상대 동작 금지회로)

55 Recoloser(R), Sectionalizer(S), Fuse(F)의 보호협조에서 보호협조가 불가능한 배열은? (단, 왼쪽은 후비보호, 오른쪽은 전위보호 역할임)

① R-S-F
② R-S
③ R-F
④ S-F-R

해설
보호 협조 순서 : Recoloser(R) - Sectionalizer(S) - Fuse(F)

정답 53 ③ 54 ① 55 ④

56 **선로 고장 발생시 타보호기기와 협조에 의해 고장구간을 신속히 개방하는 자동 구간 개폐기로서 고장전류를 차단할 수 없어 차단 기능이 있는 후비보호 장치와 직렬로 설치되어야 하는 배전용 개폐기는?**

① 배전용 차단기
② 부하개폐기
③ 컷아웃 스위치
④ 섹셔널라이저

해설

리클로저 : 후비보호 능력이 있다.
섹셔널라이저 : 후비보호 능력이 없다(리클로저와 직렬연결).

57 **다음 중 송전선로에서 이상전압이 가장 크게 발생하기 쉬운 경우는?**

① 무부하 송전선로를 폐로하는 경우
② 무부하 송전선로를 개로하는 경우
③ 부하 송전선로를 폐로하는 경우
④ 부하 송전선로를 개로하는 경우

해설

무부하 선로 개로시 이상전압이 가장 크다(최대 6배 정도).

58 **재점호가 가장 일어나기 쉬운 차단전류는?**

① 동상전류
② 지상전류
③ 진상전류
④ 단락전류

해설

진상전류 : 재점호가 일어나기 쉽다.

59 **주상변압기의 고장보호를 위하여 1차 측에 설치하는 기기는?**

① OS 또는 AS
② COS
③ LS
④ Catch Holder

해설

주상변압기
㉠ 1차 측 보호 : 컷 아웃 스위치(COS)
㉡ 2차 측 보호 : 캐치 홀더(저압 퓨즈)

정답 56 ④ 57 ② 58 ③ 59 ②

chapter

09

배전선로의 구성

09 CHAPTER 배전선로의 구성

01 배전 계통의 구성

계통도 :

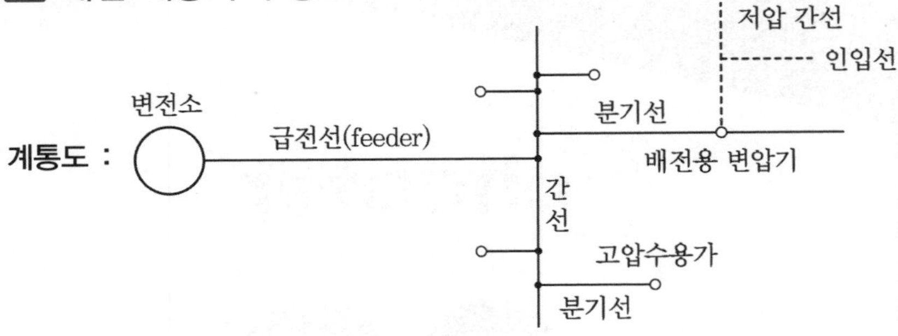

- 급전선(feeder) : 발・변전소에서 수용가에 이르는 배전선로 중 부하가 없는 선로
- 간선(distributing main line) : 부하분포에 따라 급전선에 접속하여 각 수용가에 공급하는 주요 배전선
- 분기선(branch line) : 간선과 실제 부하 사이의 선로

(1) 배전 방식의 종류

① 가지식(수지상식, 방사상식) : 농・어촌 지역(대규모 화학공장)

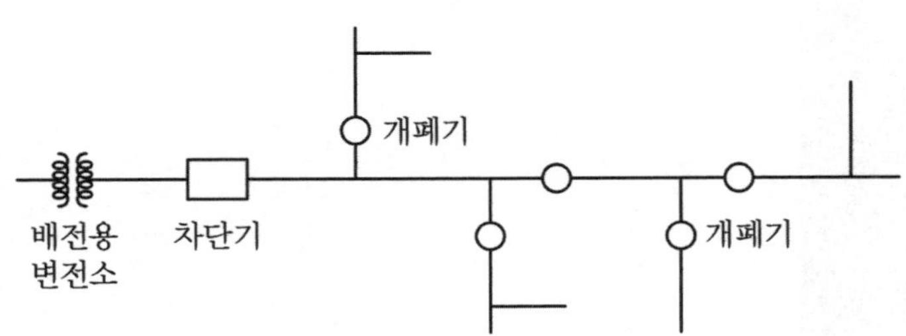

㉠ 단점 : 인입선의 길이가 길다.
전압강하가 크다.
전력손실이 크다.
정전범위가 넓다.
플리커 현상이 발생한다.

㉡ 장점 : 시설비가 싸다.
용량 증설이 용이하다.

② **환상식**(Loop식): 수용밀도가 큰 지역(중, 소도시)

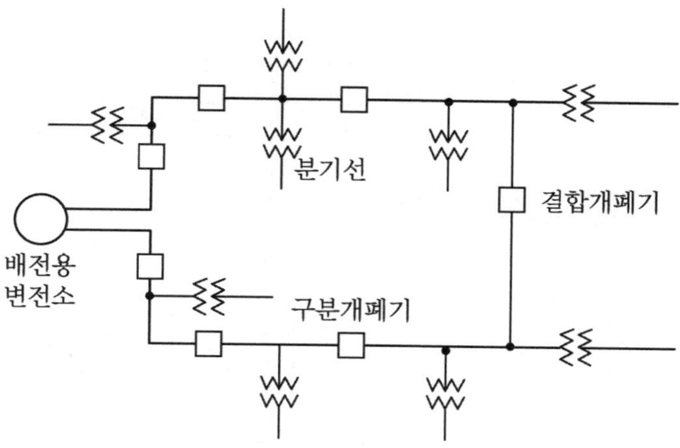

㉠ 장점 : 가지식에 비해 전압강하 및 정전의 범위가 작다.
고장 개소의 분리 조작이 용이하다.

㉡ 단점 : 설비가 복잡하고 증설이 어렵다.

③ **저압 뱅킹 방식** : 부하가 밀집된 시가지

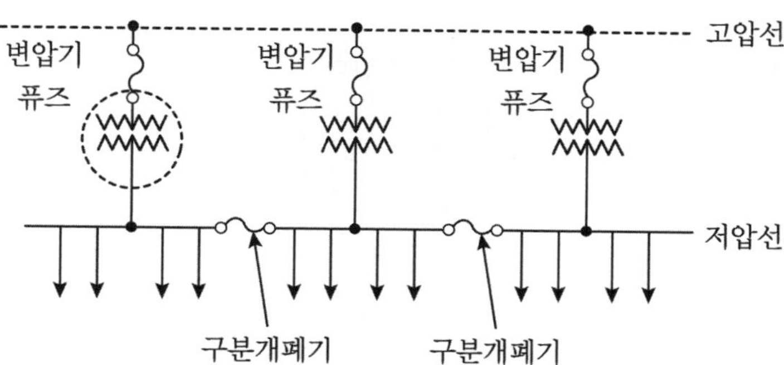

㉠ 장점 : 부하의 융통성을 도모하고, 전압변동 전력손실이 경감된다.
변압기 용량 절감, 공급신뢰도 향상

㉡ 단점 : 캐스캐이딩 현상발생

※ 캐스캐이딩 현상 : 저압선의 고장으로 인한 변압기 일부 또는 전부가 차단되는 현상
대책 : 구분 퓨즈 설치

④ **저압 네트워크방식**(망상식) : 2회선 이상의 급전선으로 공급(대규모 빌딩)

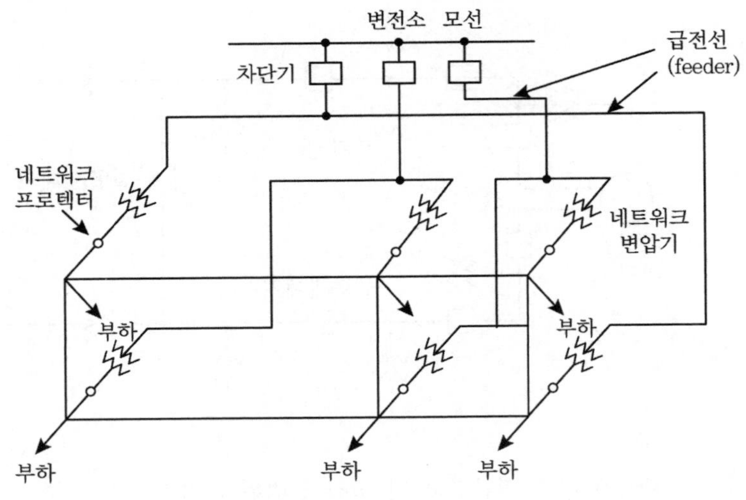

㉠ 장점 : 무 정전공급 가능
공급신뢰도 우수
전압변동 및 전력손실 감소
기기의 이용률 향상

㉡ 단점 : 건축비가 비싸다.
인축의 접지사고가 많다.
고장시 전류 역류현상 발생

※ 방지책 : 네트워크 프로텍터를 설치한다.

※ 네트워크 프로텍터 3요소 $\begin{cases} \text{전류 방향 계전기} \\ \text{저압 차단기}(ACB) \\ \text{저압 퓨즈(캐치홀더)} \end{cases}$

02 저압 배전선로의 전기방식 비교

(1) 1선당 공급전력 비교

① 단상 2선식(1ϕ 2w)

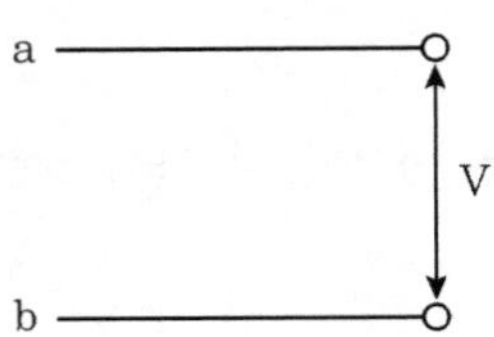

P = $VI\cos\theta$

1선당 전력 : $P' = \dfrac{VI\cos\theta}{2} = \dfrac{1}{2}VI = 0.5VI$

② 단상 3선식(1ϕ $3w$)

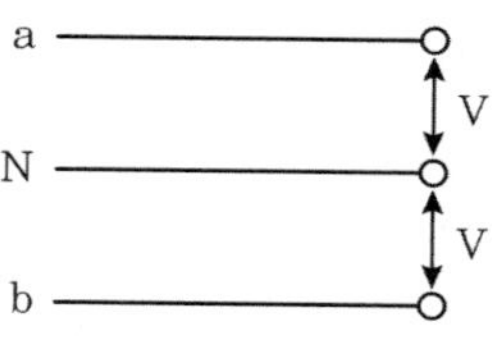

$$P = 2VI\cos\theta$$

$$\text{선당 전력} : P' = \frac{2VI\cos\theta}{3} = \frac{2}{3}VI = 0.67VI$$

$$\text{비교} = \frac{\text{단상 3선식}}{\text{단상 2선식}} = \frac{0.67VI}{0.5VI} = 1.33\text{배}$$

③ 3상 3선식(3ϕ $3w$) → 송전선로 전기방식

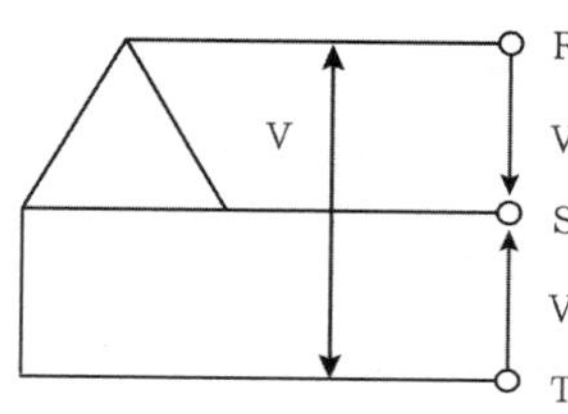

$$P = \sqrt{3}VI\cos\theta$$

1선당 전력 :

$$P' = \frac{\sqrt{3}VI\cos\theta}{3} = \frac{\sqrt{3}}{3}VI = 0.57VI$$

$$\text{비교} = \frac{\text{3상 3선식}}{\text{단상 2선식}} = \frac{0.57VI}{0.5VI} = 1.15\text{배}$$

④ 3상 4선식(3ϕ $4w$) → 배전선로 전기방식(부하 불평형시 전력손실 최대)

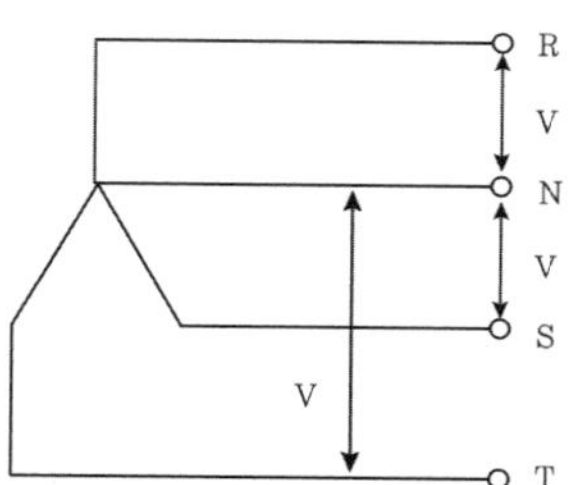

$$P = 3VI\cos\theta$$

$$\text{1선당 전력} : P' = \frac{3VI\cos\theta}{4} = \frac{3}{4}VI = 0.75VI$$

$$\text{비교} = \frac{\text{3상 4선식}}{\text{단상 2선식}} = \frac{0.75VI}{0.5VI} = 1.5\text{배}$$

전기방식	가닥수	전력	1선당 전력	$1\phi 2w$기준 (전력)	전선중량비 (전력손실비)
$1\phi 2w$	2w	$VI\cos\theta$	$0.5VI\cos\theta$	1(100%)	1
$1\phi 3w$	3w	$2VI\cos\theta$	$0.67VI\cos\theta$	1.33배(133%)	3/8
$3\phi 3w$	3w	$\sqrt{3}VI\cos\theta$	$0.57VI\cos\theta$	1.15배(115%)	3/4
$3\phi 4w$	4w	$3VI\cos\theta$	$0.75VI\cos\theta$	1.5배(150%)	1/3

※ 단상 2선식($1\phi 2w$) → 단상 3선식($1\phi 3w$) : 전류비 $\frac{I_2}{I_1} = \frac{\frac{P}{2V\cos\theta}}{\frac{P}{V\cos\theta}} = \frac{1}{2}$

※ 단상 2선식($1\phi 2w$) → 3상 3선식($3\phi 3w$) : 전류비 $\dfrac{I_3}{I_1} = \dfrac{\frac{P}{\sqrt{3} V cos\theta}}{\frac{P}{V cos\theta}} \; \dfrac{1}{\sqrt{3}}$

※ 3상 3선식($3\phi 3w$) → 단상 2선식($1\phi 2w$) : 저항비 $\dfrac{R_1}{R_3} = \dfrac{1}{2}$

03 단상 3선(1ϕ 3w) 전기방식

(1) 결선조건 3가지

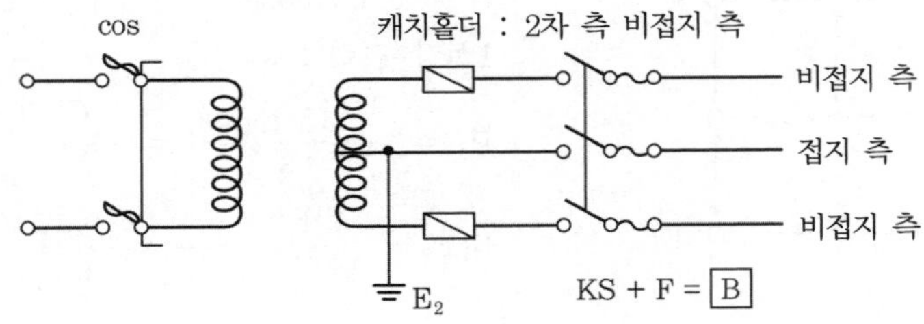

특징 • 변압기 2차 측 중성선에 접지공사를 할 것
- 개폐기는 동시 동작형 개폐기를 설치할 것
- 중성선은 퓨즈를 넣지 말고 직결시킬 것

(2) 장점

① 2종의 전원을 얻을 수 있다.
② 전압강하가 적다.
③ 전력손실이 적다.
④ 공급전력이 크다.
⑤ 전선의 단면적이 적다.
⑥ 1선당 공급 전력이 크다.
⑦ 전선의 소요중량이 적다.

(3) 단점

① 부하 불평형으로 인한 전력손실이 크다.
② 중성선 단선시 전압불평형이 생긴다(경부하측 전위상승).
※ 방지대책 : 저압 밸런서(권수비가 1:1인 단권 변압기)를 설치한다.
여자 임피던스는 크고, 누설 임피던스는 작아야 한다.

09 CHAPTER 출제예상문제

01 배전선을 구성하는 방식으로 방사상식에 대한 설명으로 옳은 것은?

① 부하의 분포에 따라 수지상으로 분기선을 내는 방식이다.
② 선로의 전류분포가 가장 좋고 전압강하가 적다.
③ 수용증가에 따른 선로연장이 어렵다.
④ 사고시 무정전 공급으로 도시 배전선에 적합하다.

해설

가지식(수지상식, 방사상식) : 농・어촌 지역(대규모 화학공장)

㉠ 단점 : 인입선의 길이가 길다.
전압강하가 크다.
전력손실이 크다.
정전범위가 넓다.
플리커 현상 발생

㉡ 장점 : 시설비가 싸다.
용량 증설이 용이하다.

02 루프(loop) 배전방식에 대한 설명으로 옳은 것은?

① 전압강하가 작은 이점이 있다.
② 시설비가 적게 드는 반면에 전력손실이 크다.
③ 부하밀도가 적은 농, 어촌에 적당하다.
④ 고장시 정전범위가 넓은 결점이 있다.

해설

환상식(Loop식) : 수용밀도가 큰 지역(중, 소도시)

㉠ 장점 : 가지식에 비해 전압강하 및 정전의 범위가 작다.
고장 개소의 분리 조작이 용이하다.

㉡ 단점 : 설비가 복잡하고 증설이 어렵다.

03 루프(loop) 배선의 이점은?

① 전선비가 적게 든다.
② 증설이 용이하다.
③ 농촌에 적당하다.
④ 전압변동이 적다.

해설

환상식(Loop식) : 수용밀도가 큰 지역(중, 소도시)

정답 01 ① 02 ① 03 ④

㉠ 장점 : 가지식에 비해 전압강하 및 정전의 범위가 작다.
고장 개소의 분리 조작이 용이하다.
㉡ 단점 : 설비가 복잡하고 증설이 어렵다.

04 다음 중 플리커 경감을 위한 전력 공급 측의 방법이 아닌 것은?

① 단락 용량이 큰 계통에서 공급한다.
② 공급 전압을 낮춘다.
③ 전용 변압기로 공급한다.
④ 단독 공급 계통을 구성한다.

해설

1번과 동일

05 저압 뱅킹 배전방식에서 캐스케이딩 현상이란?

① 전압 동요가 적은 현상
② 변압기의 부하 분배가 불균일한 현상
③ 저압선이나 변압기에 고장이 생기면 자동적으로 고장이 제거되는 현상
④ 저압선의 고장에 의하여 건전한 변압기의 일부 또는 전부가 차단되는 현상

해설

저압 뱅킹 방식 : 부하가 밀집된 시가지
㉠ 장점 : 부하의 융통성을 도모하고, 전압변동 전력손실이 경감된다.
변압기 용량 절감, 공급신뢰도 향상
㉡ 단점 : 캐스케이딩 현상 발생
※ 캐스케이딩 현상 : 저압선의 고장으로 인한 변압기 일부 또는 전부가 차단되는 현상
대책 : 구분 퓨즈 설치

06 저압 뱅킹(banking) 방식에 대한 설명으로 옳은 것은?

① 깜박임(light flicker) 현상이 심하게 나타난다.
② 저압 간선의 전압 강하는 줄여지나 전력 손실은 줄일 수 없다.
③ 캐스케이딩(Cascading) 현상의 염려가 있다.
④ 부하의 증가에 대한 융통성이 없다.

해설

③ 캐스케이딩(Cascading) 현상이 발생하는 단점이 있다.

정답 04 ② 05 ④ 06 ③

07 저압 뱅킹 배전방식이 적당한 곳은?

① 농촌 ② 어촌
③ 부하 밀집지역 ④ 화학공장

해설

③ 저압 뱅킹 배전방식이 적당한 곳은 부하가 밀집된 시가지이다.

08 네트워크 배전방식의 장점이 아닌 것은?

① 사고시 정전범위를 축소시킬 수 있다.
② 전압 변동이 적다.
③ 인축의 접지 사고가 적어진다.
④ 부하의 증가에 대한 적용성이 크다.

해설

저압 네트워크방식(망상식) : 2회선 이상의 급전선으로 공급(대규모 빌딩)

㉠ 장점 : 무 정전공급 가능
공급 신뢰도 우수
전압변동 및 전력손실 감소
기기의 이용률 향상

㉡ 단점 : 건축비가 비싸다.
인축의 접지사고가 많다.
고장시 전류 역류현상 발생

※ 방지책 : 네트워크 프로텍터를 설치한다.

09 저압 네트워크 배전방식에 사용되는 네트워크 프로텍터의 구성요소가 아닌 것은?

① 계기용 변압기 ② 전류 방향 계전기
③ 저압용 차단기 ④ 퓨즈

해설

※ 네트워크 프로텍터 3요소
- 전류 방향 계전기
- 저압 차단기(ACB)
- 저압 퓨즈(캐치홀더)

정답 07 ③ 08 ③ 09 ①

10 다음의 배전방식 중 공급 신뢰도가 가장 우수한 계통 구성방식은?

① 수지상 방식 ② 저압 뱅킹 방식
③ 고압 네트워크 방식 ④ 저압 네트워크 방식

해설

④ 저압 네트워크 방식은 배전방식 중 공급 신뢰도가 가장 우수하다.

11 망상 배전방식에 대한 설명으로 옳은 것은?

① 부하 증가에 대한 융통성이 적다.
② 전압 변동이 대체로 크다.
③ 인축에 대한 감전 사고가 적어서 농촌에 적합하다.
④ 환상식보다 무 정전공급의 신뢰도가 높다.

해설

④ 망상 배전방식은 무 정전공급이 가능하다.

12 어느 전등 부하의 배전방식을 단상 2선식에서 단상 3선식으로 바꾸었을 때 선로에 흐르는 전류는 전자의 몇 배가 되는가? (단, 중성선에는 전류가 흐르지 않는다고 한다.)

① $\frac{1}{4}$ ② $\frac{1}{3}$ ③ $\frac{1}{2}$ ④ 불변

해설

단상 2선식($1\phi 2w$) → 단상 3선식($1\phi 3w$) : 전류비 $\frac{I_2}{I_1} = \frac{1}{2} \Leftrightarrow \frac{\frac{P}{2V\cos\theta}}{\frac{P}{V\cos\theta}} = \frac{1}{2}$

13 선간전압, 배전거리, 선로손실 및 전력공급을 같게 할 경우 단상 2선식과 3상 3선식에서 전선 한 가닥의 저항비(단상/3상)는?

① $\frac{1}{\sqrt{2}}$ ② $\frac{1}{\sqrt{3}}$ ③ $\frac{1}{3}$ ④ $\frac{1}{2}$

해설

3상 3선식($3\phi 3w$) → 단상 2선식($1\phi 2w$) : 저항비 $\frac{R_1}{R_3} = \frac{1}{2}$

정답 10 ④ 11 ④ 12 ③ 13 ④

14 동일 전력을 동일 선간전압, 동일 역률로 동일 거리에 보낼 때 사용하는 전선의 총 중량이 같으면, 3상 3선식인 때와 단상 2선식일 때의 전력 손실비는?

① 1　　② $\frac{3}{4}$　　③ $\frac{2}{3}$　　④ $\frac{1}{\sqrt{3}}$

해설

전기방식	가닥수	전력	1선당 전력	1ϕ2w기준 (전력)	전선중량비 (전력손실비)
1ϕ2w	2w	Vlcosθ	0.5Vlcosθ	1(100%)	1
1ϕ3w	3w	2Vlcosθ	0.67Vlcosθ	1.33배(133%)	3/8
3ϕ3w	3w	$\sqrt{3}$ Vlcosθ	0.57Vlcosθ	1.15배(115%)	3/4
3ϕ4w	4w	3Vlcosθ	0.75Vlcosθ	1.5배(150%)	1/3

15 동일 전압, 동일 부하, 동일 전력손실의 조건에서 단상 2선식의 소요전선 총량을 100[%]라 할 때 3상 3선식의 소요 전선 총량은 얼마인가?

① 33　　② 66　　③ 70　　④ 75

해설

3상 3선식의 소요 전선 총량은 3/4이다.

16 배전선로의 전기방식 중 전선의 중량이 가장 적게 소요되는 전기방식은? (단, 배전전압, 거리, 전력 및 선로손실 등은 같다고 한다.)

① 단상 2선식　　② 단상 3선식
③ 3상 3선식　　④ 3상 4선식

해설

④ 3상 4선식은 1/3이다.

17 단상 2선식 배전선의 소요 전선 총량을 100[%]라 할 때 3상 3선식과 단상 3선식의 소요 전선의 총량은 각각 몇 [%]인가? (단, 선간전압, 공급 전력, 전력손실 및 배전 거리는 같다.)

① 75, 37.5　　② 50, 75　　③ 100, 37.5　　④ 37.5, 75

해설

14번 해설 참조

정답 14 ② 15 ④ 16 ④ 17 ①

18 3상 4선식 배전방식에서 1선당의 최대 전력은? (단, 상전압 : V, 선전류 : I라 한다.)

① 0.5VI ② 0.57VI ③ 0.75VI ④ 1.0VI

해설

3상 4선식 배전방식에서 1선당의 최대 전력은 0.75[VI]이다.

19 우리나라의 특고압 배전방식으로 가장 많이 사용되고 있는 것은?

① 단상 2선식 ② 3상 3선식

③ 3상 4선식 ④ 2상 4선식

해설

배전선로 전기방식 : 3상 4선식

20 주상 변압기의 2차 측 접지공사는 어느 것에 의한 보호를 목적으로 하는가?

① 2차 측 단락

② 1차 측 접지

③ 2차 측 접지

④ 1차 측과 2차 측의 혼촉

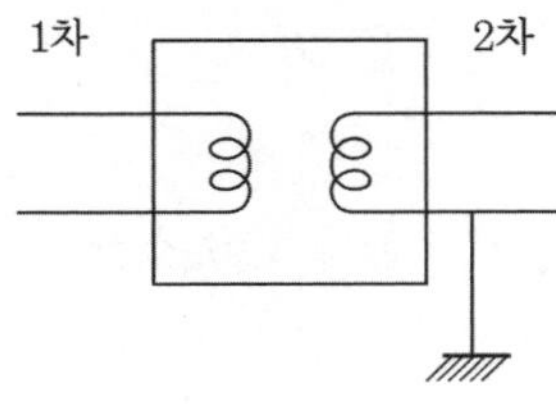

해설

변압기 2차 측 접지공사 : 변압기 혼촉사고 방지

21 단상 3선식 110/220[V]에 대한 설명으로 옳은 것은?

① 전압 불평형이 우려되므로 콘덴서를 설치한다.

② 중성선과 외선 사이에만 부하를 사용하여야 한다.

③ 중성선에는 반드시 퓨즈를 끼워야 한다.

④ 2중의 전압을 얻을 수 있고 전선량이 절약되는 이점이 있다.

해설

단상 3선식 (1ϕ 3w)

㉠ 특징

- 변압기 2차 측 중성선에 제2종 접지공사를 할 것
- 개폐기는 동시 동작형 개폐기를 설치할 것
- 중성선은 퓨즈를 넣지 말고 직결시킬 것

정답 18 ③ 19 ③ 20 ④ 21 ④

22 부하 불평형에 의한 손실 증가가 가장 많은 것은?

① 단상 2선식 ② 3상 3선식
③ 3상 4선식 ④ V 결선

해설

3상 4선식 (3ϕ 4w) → 배전선로 전기방식(부하 불평형시 전력손실 최대)

23 그림과 같은 단상 3선식 회로의 중성선 P점에서 단선되었다면 백열등 A(100[W])와 B(400[W])에 걸리는 단자전압은 각각 몇 [V]인가?

① $V_A = 160[V]$, $V_B = 40[V]$
② $V_A = 120[V]$, $V_B = 80[V]$
③ $V_A = 40[V]$, $V_B = 160[V]$
④ $V_A = 80[V]$, $V_B = 120[V]$

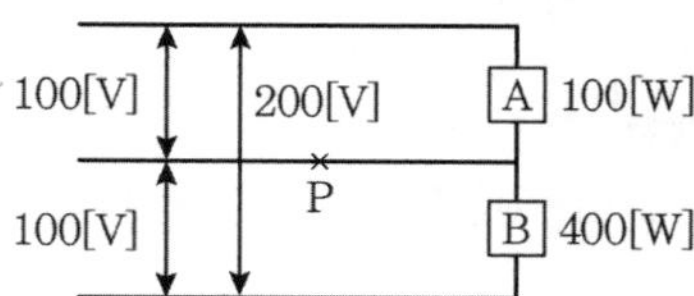

해설

전압은 부하(부하전류)의 반비례 ⇒ 부하가 1 : 4이므로 전압은 4 : 1

∴ $V_A = 160[V]$, $V_B = 40[V]$

24 저압 단상 3선식 배전방식의 가장 큰 단점이 될 수 있는 것은?

① 절연이 곤란하다. ② 설비이용률이 나쁘다.
③ 2중의 전압을 얻는다. ④ 전압 불평형이 생길 우려가 있다.

해설

단상 3선식 (1ϕ 3w)

㉠ 장점
- 2종의 전원을 얻을 수 있다.
- 전압강하가 적다.
- 전력손실이 적다.
- 공급전력이 크다.
- 전선의 단면적이 적다.
- 1선당 공급 전력이 크다.
- 전선의 소요중량이 적다.

㉡ 단점
- 부하 불평형으로 인한 전력손실이 크다.
- 중성선 단선시 전압 불평형이 생긴다.
  (경 부하측 전위상승)

※ 방지 대책 : 저압 밸런서(권수비가 1:1인 단권 변압기)를 설치한다.
여자 임피던스는 크고, 누설 임피던스는 작아야 한다.

정답 22 ③ 23 ① 24 ④

25 **100[V]의 수용가를 220[V]로 승압했을 때 특별히 교체하지 않아도 되는 것은?**

① 백열전등의 전구 ② 옥내배선의 전선
③ 콘센트와 플러그 ④ 형광등의 안정기

26 **옥내배선의 보호 방법이 아닌 것은?**

① 과전류 보호 ② 지락 보호
③ 전압강하 보호 ④ 절연 접지 보호

해설
옥내배선 보호 : 지락(접지) 보호, 단락(과전류) 보호

27 **옥내배선에 사용하는 전선의 굵기를 결정하는 데 고려하지 않아도 되는 것은?**

① 기계적 강도 ② 전압강하
③ 허용전류 ④ 절연저항

해설
전선 굵기 3요소 : 허용전류, 전압강하, 기계적 강도

28 **전선 및 기계 기구를 보호하기 위한 목적으로 전로 중 필요한 개소에는 과전류 차단기를 시설하여야 하는데 다음 중 필요한 개소가 아닌 곳은?**

① 인입구 ② 간선의 전원 측
③ 평형부하의 말단 ④ 분기점

정답 25 ② 26 ③ 27 ④ 28 ③

chapter

10

배전선로의 전기적 특성값 계산

10 CHAPTER 배전선로의 전기적 특성값 계산

01 변압기 용량계산

(1) 수용률(설비이용률) : 단독 수용가 변압기 용량 산출

① 수용률 = $\dfrac{\text{최대전력}[KW]}{\text{설비용량}[KW]} \times 100\,[\%]$

② 최대전력[KW] = 수용률 × 설비용량[KW]

③ 변압기 용량[KVA] = $\dfrac{\text{수용률} \times \text{설비용량}\,[KW]}{\cos\theta}$

(2) 부하율(F) : 임의의 기간 동안 부하의 변동상태 파악

① 부하율(F) = $\dfrac{\text{평균전력}[KW]}{\text{최대전력}[KW]} \times 100 = \dfrac{\text{사용전력량}[KWh]/\text{시간}[h]}{\text{최대전력}[KW]} \times 100[\%]$

㉠ 일 부하율 : 24시간

㉡ 월 부하율 : 24시간 × 30일(1달)

㉢ 연 부하율 : 24시간 × 365일(1년)

② 사용전력량[KWh] = 최대전력(수용률×설비용량)[KW] × 부하율 × 시간[h]

(3) 부등률 : 전력소비기기를 동시에 사용되는 정도로서 부하의 분산지표를 나타냄
다수 수용가 변압기 용량 산출

① 부등률 = $\dfrac{\text{개별수용최대전력의 합}[KW]}{\text{합성최대전력}[KW]} \geq 1$ (항상 1 이상이다.)

② 변압기 용량[KVA] = $\dfrac{\text{개별수용최대전력(수용률}\times\text{설비용량)의 합}[KW]}{\text{부등률} \times \cos\theta \times \text{효율}}$

(4) 손실계수(H) = $\dfrac{\text{평균전력손실}}{\text{최대전력손실}} = \alpha F + (1-\alpha)F^2$

① 손실계수와 부하율관계 : $1 > F > H > F^2 > 0$

(5) 비례관계 : 부하율 ∝ 부등률 ∝ $\dfrac{1}{\text{수용률}}$

02 각 점의 전위 계산

(1) 집중 부하인 경우 전압강하

① 직류 : $e = IR$ (무유도성, $\sin\theta = 0$)

② 교류 ㉠ 1선당 : $e = 2I(R\cos\theta + X\sin\theta)$

㉡ 왕복선 : $e = I(R\cos\theta + X\sin\theta)$ → 말이 없을시

㉢ 3상 : $e = \sqrt{3}\,I(R\cos\theta + X\sin\theta)$

(2) 분포 부하인 경우 각 점 전위 계산

① 직류 공급방식

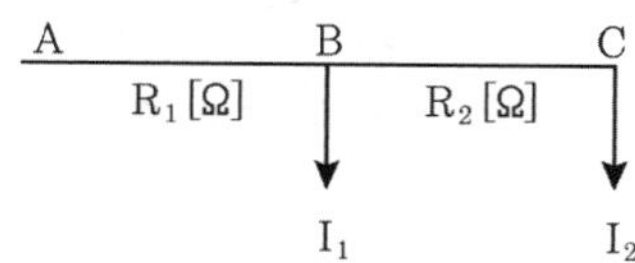

㉠ 왕복선

B점의 전위 $V_B = V_A - (I_1 + I_2)R_1$

C점의 전위 $V_C = V_B - I_2R_2$

㉡ 1선당

B점의 전위 $V_B = V_A - 2(I_1 + I_2)R_1$

C점의 전위 $V_C = V_B - 2I_2R_2$

② 교류 공급방식 : $3\phi3\omega$

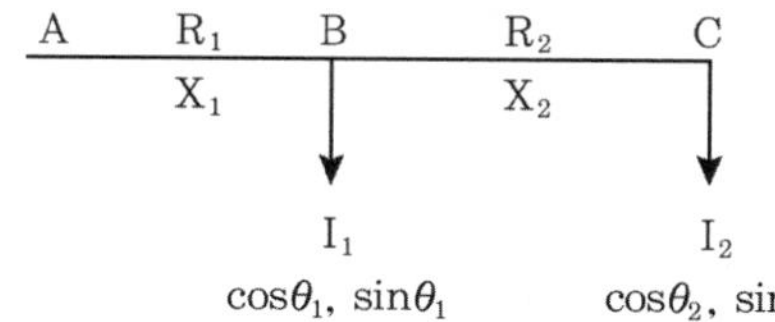

B점의 전위 : $V_B = V_A - \sqrt{3}\,[(I_1\cos\theta_1 + I_2\cos\theta_2)R_1 + (I_1\sin\theta_1 + I_2\sin\theta_2)X_1]$

C점의 전위 : $V_C = V_B - \sqrt{3}\,I_2(R_2\cos\theta_2 + X_2\sin\theta_2)$

(3) 부하의 종별 전압강하와 전력손실

부하 종별	부하 분포도	전압강하	전력손실
말단 집중 부하		e	P_ℓ
균등부하 (가로등 부하)		$e' = \frac{1}{2}e$	$P_\ell' = \frac{1}{3}P_\ell$
송전단일수록 커지는 분산부하		$e' = \frac{1}{3}e$	$P_\ell' = \frac{1}{5}P_\ell$

10 CHAPTER

출제예상문제

01 **수용가의 수용률이란?**

① $\frac{\text{합성최대수용전력}}{\text{평균전력}} \times 100[\%]$　② $\frac{\text{평균전력}}{\text{합성최대전력}} \times 100[\%]$

③ $\frac{\text{수용설비용량}}{\text{최대수용전력}} \times 100[\%]$　④ $\frac{\text{최대수용전력}}{\text{수용설비용량}} \times 100[\%]$

해설

수용률 $= \frac{\text{최대전력[KW]}}{\text{설비용량[KW]}} \times 100[\%]$

02 **설비용량이 3[KW]인 주택에서 최대사용전력이 1.8[KW]일 때의 수용률은 몇 [%]인가?**

① 40　② 50　③ 60　④ 70

해설

수용률 $= \frac{\text{최대전력[KW]}}{\text{설비용량[KW]}} \times 100 = \frac{1.8}{3} \times 100 = 60[\%]$

03 **설비용량이 각각 75[KW], 80[KW], 85[KW]의 부하설비가 있다. 수용률이 60[%]라면 최대수요전력은 몇 [KW]인가?**

① 144　② 240　③ 360　④ 400

해설

최대전력[KW] = 수용률 × 설비용량 = $0.6 \times (75 + 80 + 85) = 144$[KW]

04 **부하율이란?**

① $\frac{\text{피상전력}}{\text{부하설비용량}} \times 100[\%]$　② $\frac{\text{부하설비용량}}{\text{피상전력}} \times 100[\%]$

③ $\frac{\text{최대수용전력}}{\text{평균수용전력}} \times 100[\%]$　④ $\frac{\text{평균수용전력}}{\text{최대수용전력}} \times 100[\%]$

해설

부하율(F) $= \frac{\text{평균전력[KW]}}{\text{최대전력[KW]}} \times 100 = \frac{\text{사용전력량[KWh]/시간[h]}}{\text{최대전력[KW]}} \times 100[\%]$

정답 01 ④ 02 ③ 03 ① 04 ④

05 **22.9[KV]로 수전하는 어떤 수용가의 최대부하 250[KVA], 부하역률이 80[%]이고 부하율이 50[%]이다. 월간 사용전력량[MWh]은 약 얼마인가? (단, 1개월은 30일로 계산한다.)**

① 62 ② 72 ③ 82 ④ 92

해설

사용전력량[KWh] = 최대전력(수용률×설비용량)[KW] × 부하율 × 시간[h]

$= 250 \times 0.8 \times 0.5 \times 24 \times 30 \times 10^{-3} = 72$[MWh]

06 **어떤 수용가의 1년간의 소비전력량은 100만[KWh]이고, 1년 중 최대전력은 130[KW]라면 수용가의 부하율은 약 몇 [%]인가?**

① 74 ② 78 ③ 82 ④ 88

해설

부하율(F) $= \dfrac{\dfrac{1000 \times 10^3}{24 \times 365}}{130} \times 100 = 88[\%]$

07 **연간 최대 전력이 P[KW], 소비전력량이 A[KWh]일 때 연 부하율[%]은? (단, 1년은 365일이다.)**

① $\dfrac{A}{365 \times P} \times 100[\%]$ ② $\dfrac{8,760 \times P}{A} \times 100[\%]$

③ $\dfrac{A}{8,760 \times P} \times 100[\%]$ ④ $\dfrac{365\,P}{A} \times 100[\%]$

해설

부하율(F) $= \dfrac{\dfrac{A}{24 \times 365}}{P} \times 100 = \dfrac{A}{8{,}760 \times P} \times 100[\%]$

08 **최대전류가 흐를 때의 손실이 50[KW]이며 부하율이 55[%]인 전선로의 평균손실은 몇 [KW]인가? (단, 배전선로의 손실계수 α는 0.38이다.)**

① 7 ② 11 ③ 19 ④ 31

해설

손실계수(α) $= \dfrac{\text{평균전력손실[KW]}}{\text{최대전력손실[KW]}}$ 이므로 ∴ 평균손실 $= 0.38 \times 50 = 19$[KW]

정답 05 ② 06 ④ 07 ③ 08 ③

09 **배전계통에서 부등률이란?**

① $\dfrac{\text{최대수용전력}}{\text{설비용량}}$

② $\dfrac{\text{부하의 평균전력의 합}}{\text{부하설비의 최대전력}}$

③ $\dfrac{\text{각 부하의 최대수용전력의 합}}{\text{각 부하를 종합했을 때의 최대수용전력}}$

④ $\dfrac{\text{최대부하시의 설비용량}}{\text{정격용량}}$

해설

부등률 : 전력소비기기를 동시에 사용되는 정도, 다수 수용가 변압기 용량 산출

부등률 $= \dfrac{\text{개별수용최대전력의 합[KW]}}{\text{합성최대전력[KW]}} \geq 1$ (항상 1 이상이다.)

10 **수용설비 개개의 최대 수용전력의 합[KW]을 합성최대 수용전력[KW]으로 나눈 값을 무엇이라 하는가?**

① 부하율 ② 수용률

③ 부등률 ④ 역률

해설

부등률 $= \dfrac{\text{개별수용최대전력의 합[KW]}}{\text{합성최대전력[KW]}} \geq 1$ (항상 1 이상이다.)

11 **그 값이 1 이상인 것은?**

① 부등률 ② 부하율

③ 수용률 ④ 전압 강하율

해설

부등률 $= \dfrac{\text{개별수용최대전력의 합[KW]}}{\text{합성최대전력[KW]}} \geq 1$ (항상 1 이상이다.)

정답 09 ③ 10 ③ 11 ①

12 **'수용률이 크다, 부등률이 크다, 부하율이 크다'라는 의미는 무엇인가?**

① 항상 같은 정도의 전력을 소비하고 있다는 것이다.
② 전력을 가장 많이 소비할 때는 사용하지 않는 전기기구가 별로 없다는 것이다.
③ 전력을 가장 많이 소비하는 시간은 지역에 따라 다르다는 것이다.
④ 전력을 가장 많이 소비하는 시간은 모든 지역이 같다는 것이다.

13 **설비용량 900[KW], 부등률 1.2, 수용률 50[%]일 때의 합성 최대전력은 몇 [KW]인가?**

① 300
② 375
③ 400
④ 415

해설

$$\text{합성 최대전력} = \frac{\text{개별최대전력합(수용률} \times \text{설비용량)}}{\text{부등률}} = \frac{0.5 \times 900}{1.2} = 375[\text{KW}]$$

14 **연간 최대수용전력이 70[KW], 75[KW], 85[KW], 100[KW]인 4개의 수용가를 합성한 연간 최대수용전력이 250[KW]이다. 이 수용가의 부등률은 얼마인가?**

① 1.11
② 1.32
③ 1.38
④ 1.43

해설

$$\text{부등률} = \frac{\text{개별수용최대전력의 합[KW]}}{\text{합성최대전력[KW]}} = \frac{70 + 75 + 85 + 100}{250} = 1.32$$

15 **설비 A의 설비용량이 150[KW], 설비 B의 설비용량이 350[KW]일 때 수용률이 각각 0.6 및 0.7일 경우 합성최대전력이 279[KW]이면 부등률은 약 얼마인가?**

① 1.2
② 1.3
③ 1.4
④ 1.5

해설

$$\text{부등률} = \frac{\text{개별수용최대전력의 합[KW]}}{\text{합성최대전력[KW]}} = \frac{(0.6 \times 150 + 0.7 \times 350)}{279} = 1.2$$

정답 12 ② 13 ② 14 ② 15 ①

16 어떤 고층건물의 부하 총 설비전력이 400[KW], 수용률 0.5일 때 이 건물의 변전시설 용량의 최젓값은 몇 [KVA]인가? (단, 부하의 역률은 0.8이다.)

① 150 ② 200
③ 250 ④ 300

해설

변압기 용량[KVA] $= \dfrac{\text{수용률} \times \text{설비용량[KW]}}{\cos\theta} = \dfrac{0.5 \times 400}{0.8} = 250$[KVA]

17 어떤 건물의 총 설비용량이 850[KW], 부등률 1.2, 수용률이 60[%]일 때 이 설비에 이용되는 변압기 용량은 최저 약 몇 [KVA] 이상이어야 하는가? (단, 역률은 90[%] 이상 유지되어야 한다.)

① 395 ② 433 ③ 473 ④ 555

해설

변압기 용량[KVA] $= \dfrac{\text{수용률} \times \text{설비용량[KW]}}{\text{부등률} \times \cos\theta} = \dfrac{0.6 \times 850}{1.2 \times 0.9} = 473$[KVA]

18 그림과 같은 수용설비 용량과 수용률을 갖는 부하의 부등률이 1.5이다. 평균 부하역률을 75[%]라 하면 변압기 용량은 약 몇 [KVA]인가?

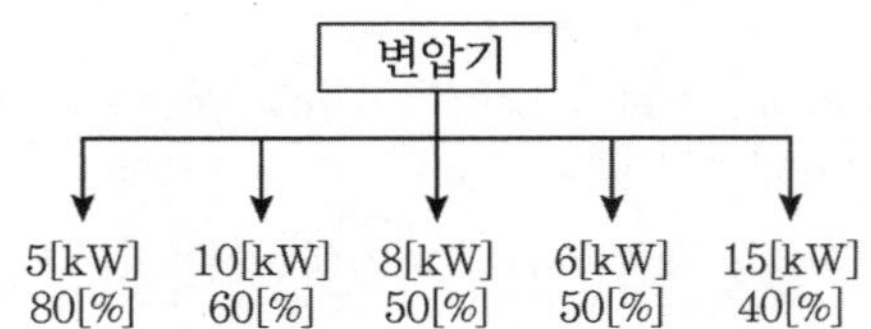

① 45 ② 30 ③ 20 ④ 15

해설

변압기 용량[KVA] $= \dfrac{\text{개별수용최대전력(수용률} \times \text{설비용량)의 합[KW]}}{\text{부등률} \times \cos\theta \times \text{효율}}$

$= \dfrac{(0.8 \times 5 + 0.6 \times 10 + 0.5 \times 8 + 0.5 \times 6 + 0.4 \times 15)}{1.5 \times 0.75}$

$= 20.44$[KVA]

정답 16 ③ 17 ③ 18 ③

19 수전용량에 비해 첨두부하가 커지면 부하율은 그에 따라 어떻게 되는가?

① 낮아진다.
② 높아진다.
③ 변하지 않고 일정하다.
④ 부하종류에 따라 달라진다.

해설

부하율 $= \dfrac{\text{평균전력}}{\text{최대전력}}$ ∴ 부하율 $\propto \dfrac{1}{\text{최대전력(첨두부하)}}$

20 배전선로의 부하율이 F일 때 손실계수 H는?

① $H = F$
② $H = \dfrac{1}{F}$
③ $F^2 < H < F$
④ $H = F^2$

해설

손실계수와 부하율관계 : $1 > F > H > F^2 > 0$

21 배전선의 손실계수 H와 부하율 F와의 관계는?

① $0 < F^2 < H < F < 1$
② $0 < H^2 < F < H < 1$
③ $0 < H < F^2 < F < 1$
④ $0 < F < H^2 < H < 1$

해설

손실계수와 부하율관계 : $1 > F > H > F^2 > 0$

22 단일 부하 선로에 부하율 50[%], α = 0.2인 손실계수는?

① 0.05
② 0.15
③ 0.25
④ 0.30

해설

손실계수(H) $= \alpha F + (1-\alpha)F^2 = 0.2 \times 0.5 + (1-0.2) \times 0.5^2 = 0.3$

정답 19 ① 20 ③ 21 ① 22 ④

23 **수용가군 총합의 부하율은 각 수용가의 수용률 및 수용가 사이의 부등률이 변할 때 다음 중 옳은 것은?**

① 수용률에 비례하고, 부등률에 반비례한다.
② 부등률에 비례하고, 수용률에 반비례한다.
③ 부등률에 비례하고, 수용률에 비례한다.
④ 부등률에 반비례하고, 수용률에 반비례한다.

해설

비례관계 : 부하율 $\propto$ 부등률 $\propto \dfrac{1}{\text{수용률}}$

24 **단상변압기 3대를 △ 결선으로 운전하던 중 1대의 고장으로 V결선할 경우 V결선과 △ 결선의 출력비는 몇 [%]인가?**

① 52.2 ② 57.7 ③ 66.6 ④ 86.6

해설

V결선 출력비 : 57.7[%]

25 **정격용량 100[KVA]인 단상변압기 2대로 V결선을 했을 경우의 최대출력은 몇 [KVA]인가?**

① 86.6 ② 150 ③ 173 ④ 200

해설

V결선 출력 = $\sqrt{3}P = \sqrt{3} \times 100 = 173.2$[KVA]

26 **200[KVA] 단상변압기 2대를 V-V결선하여 사용하면 약 몇 [KVA] 부하까지 걸 수 있겠는가?**

① 200 ② 283 ③ 346 ④ 400

해설

V결선 출력 = $\sqrt{3}P = \sqrt{3} \times 200 = 346.4$[KVA]

정답 23 ② 24 ② 25 ③ 26 ③

27 150[KVA] 단상변압기 3대를 △ − △ 결선으로 사용하다가 1대의 고장으로 V−V결선하여 사용하면 약 몇 [KVA]부하까지 걸 수 있겠는가?

① 200　② 220　③ 240　④ 260

해설

V결선 출력 = $\sqrt{3}P = \sqrt{3} \times 150 = 260$[KVA]

28 단상 2선식 교류 배전선이 있다. 전선 1줄의 저항은 0.15[Ω], 리액턴스는 0.25[Ω]이다. 부하는 무유도성으로서 100[V], 3[KW]일 때 급전점의 전압은 몇 [V]인가?

① 100　② 110　③ 120　④ 130

해설

$$V_S = V_r + e = 100 + 2I(\frac{P}{V})R = 100 + 2 \times \frac{3000}{100} \times 0.15 = 109[\text{V}]$$

29 20개의 가로등이 500[m] 거리에 균등하게 배치되어 있다. 한 등의 소요 전류가 4[A], 전선의 단면적 38[mm^2], 도전율 56[℧ · m/mm^2]라면 한쪽 끝에서 110[V]로 급전할 때 최종 전등에 가해지는 전압[V]은?

① 91　② 96　③ 101　④ 106

해설

$$V_r = V_S - e = V_S - IR(\rho\frac{l}{A}) = 110 - 4 \times \frac{1}{56} \times \frac{500}{38} \times 20 = 91.2[\text{V}]$$

30 그림과 같은 단상 2선식 배전에서 인입구 A점의 전압이 100[V]라면 C점의 전압은 몇 [V]인가? (단, 저항값은 1선의 값으로 AB 간 0.05[Ω], BC 간 0.1[Ω]이다.)

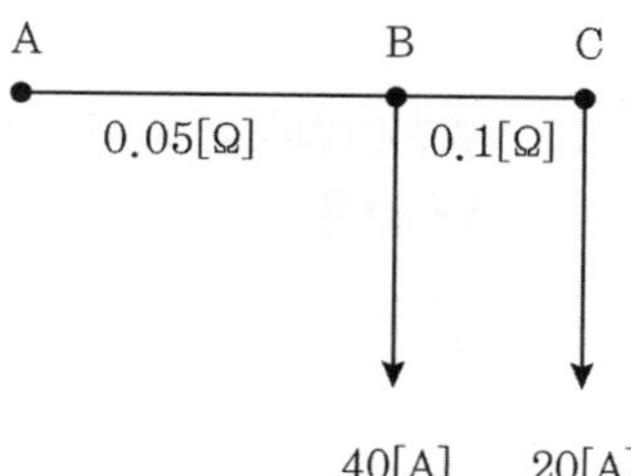

① 90
② 94
③ 96
④ 98

정답　27 ④　28 ②　29 ①　30 ①

해설

B점 전위 : $V_B = 100 - 2 \times (40 + 20) \times 0.05 = 94[\text{V}]$

C점 전위 : $V_C = 94 - 2 \times 20 \times 0.1 = 90[\text{V}]$

31 **그림과 같이 A, B 양지점에 각각 I_1, I_2의 집중부하가 있고 양단의 전압강하를 모두 균등하게 할 때 전선이 가장 경제적으로 되는 급전점 P는 A점으로부터 몇 [Km]인가?**

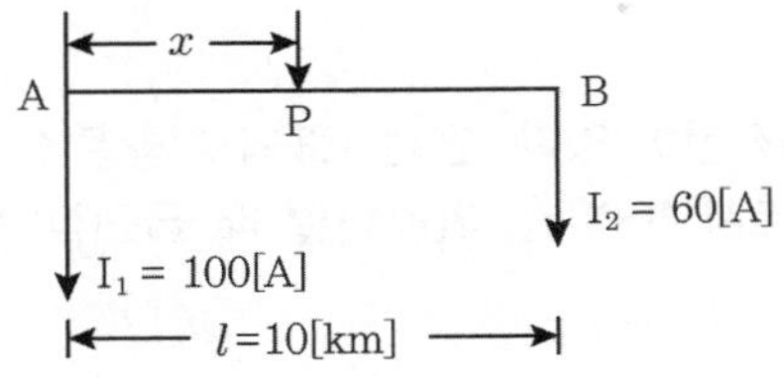

① 2.55 ② 3.75 ③ 5.45 ④ 6.25

해설

$e_{AP} = e_{BP} \quad \therefore I_1 X = I_2(10 - X)$

$100X = 600 - 60X \quad \therefore X = \dfrac{600}{160} = 3.75[\text{Km}]$

32 **선로의 부하가 균일하게 분포되어 있을 때 배전선로의 전력손실은 이들의 전부하가 선로말단에 집중되어 있을 때에 비하여 어떠한가?**

① $\frac{1}{5}$ ② $\frac{1}{4}$ ③ $\frac{1}{3}$ ④ $\frac{1}{2}$

해설

균등 부하시 전력손실은 말단 집중부하의 $\frac{1}{3}$ 정도이다($P'_\ell = \frac{1}{3}P_\ell$).

33 **송전단일수록 커지는 분산부하는 모든 부하가 송전단에서 어느 지점에 있을 때의 전압강하와 같은가?**

① $\frac{1}{5}$ ② $\frac{2}{3}$ ③ $\frac{1}{2}$ ④ $\frac{1}{3}$

해설

송전단일수록 커지는 분산부하의 전압강하는 말단 집중분하의 $\frac{1}{3}$ 정도이다($e' = \frac{1}{3}e$).

정답 31 ② 32 ③ 33 ④

chapter

11

수력 발전

11 CHAPTER 수력 발전

수력 발전(위치 E → 운동 E → 기계 E → 전기 E)

01 이론 수력, 발전소 출력

(1) 이론 출력 : $P = 9.8QH[KW]$

(2) 수차 출력 : $P_t = 9.8QH\eta_t$

(3) 발전소 출력 : $P = 9.8QH\eta_t\eta_g[KW]$

$Q[m^3/s]$, $H[m]$: 유효낙차, η_t : 수차의 효율, η_g : 발전기의 효율

02 낙차를 얻는 방법에 의한 분류

발전소	용도
수로식	유량이 적고 하천의 기울기가 큰 자연낙차 이용하여 발전
댐식	유량이 많고 낙차가 적은 장소에 발전
댐 수로식	댐으로부터 수로를 통해 낙차가 큰 지점까지 물을 유도하는 발전
유역 변경식	인공적으로 수로를 만들어 큰 낙차를 얻어 발전

※ 우리나라는 댐식이 가장 많다.

03 수두의 종류

(1) 위치수두 : H[m] : 임의의 기준 수위면에 대해 a점(ha), b점(hb)을 위치수두라 한다.

(2) 압력수두 : $H_P = \frac{P}{\omega}[m]$ (P : 압력$[kg/m^2]$, ω : $1m^3$당의 물의 무게$[1,000kg/m^3]$)

(3) 속도수두 : $H_V = \frac{V^2}{2g}$ (V : 속도[m/s], g : 중력가속도 = $9.8[m/s^2]$)

베르누이 정리 : $H_0 = H + H_P + H_V$ = 일정

$$= H + \frac{P}{\omega} + \frac{V^2}{2g} = \text{일정}$$

04 연평균 유량 $Q[m^3/s] = \frac{V[m^3]}{T[sec]}$

$$Q = \frac{\text{하천의 면적}[m^2] \times \text{강수량}[mm] \times 10^{-3}}{365 \times 24 \times 60 \times 60} \times \text{유출계수}$$

※ 유출계수 = $\frac{\text{유출량}}{\text{강수량}}$

05 특유속도

$\begin{cases} \text{수차 러너의 모양이 닮은 꼴이면 출력특성이 거의 같다.} \\ \text{1[m]의 낙차로 1[kW]의 출력을 얻는 데 필요한 1분 동안의 회전수(유수와 러너의 상대속도)} \end{cases}$

(1) $N_S = N \dfrac{P^{\frac{1}{2}}}{H^{\frac{5}{4}}}[m \cdot kW]$ $\begin{cases} N : \text{발전기 회전수} \\ P : \text{출력[kW]} \\ H : \text{유효낙차1[m]} \end{cases}$

낙차		수차		특유속도	
충동수차	고낙차	펠턴 수차	(200~1,800)	$12 \leqq N_S \leqq 23$	12~13
반동수차	고낙차	프란시스 수차	(50~530)	$N_S \leqq \dfrac{20,000}{H+20} + 30$	65~350
		사류 수차	(40~200)	$N_S \leqq \dfrac{20,000}{H+20} + 40$	150~250
	고낙차	프로펠러 수차 카플란 수차 원통튜블러 수차	(3~90) (3~20)	$N_S \leqq \dfrac{20,000}{H+20} + 50$	350~800

(2) 크기순서

튜블러 수차 > 프로펠러(카플란) 수차 > 프란시스(사류) > 펠턴 수차

※ 특유속도가 크면 경부하시 효율저하가 심하다.

06 낙차 변화에 의한 특성 변화

(1) **속도에 의한 변화** : $\dfrac{N_2}{N_1} = (\dfrac{H_2}{H_1})^{\frac{1}{2}}$

(2) **유량에 의한 변화** : $\dfrac{Q_2}{Q_1} = (\dfrac{H_2}{H_1})^{\frac{1}{2}}$

(3) **출력에 의한 변화** : $\dfrac{P_2}{P_1} = (\dfrac{H_2}{H_1})^{\frac{3}{2}}$

(4) $N_S = N \cdot \dfrac{P^{\frac{1}{2}}}{H^{\frac{1}{4}}}[m \cdot kW]$

※ 공동현상(Cavitation) : 러너 출구의 압력이 수온의 포화 증기압 이하가 되면 압력이 높은 곳에서 폭발하여 유수 중에 기포 발생

- 공동현상 발생원인 : N_S가 크면 수차속도가 빨라져 수차 크기를 작게 할 수 있어 경제적이다.
  그러나, N_S가 너무 크면 커비테이션 발생
- 장해 : 부식, 진동, 소음, 효율저하
- 대책 : 부식에 강한 재료, 낙차 감소, 적당한 회전수

07 연속의 정의

유량 : $Q = A_1 V_1 = A_2 V_2 [m^3/s]$

08 하천 유량과 낙차

(1) **유량도** : 매일 매일의 유량을 그래프로 나타낸 값

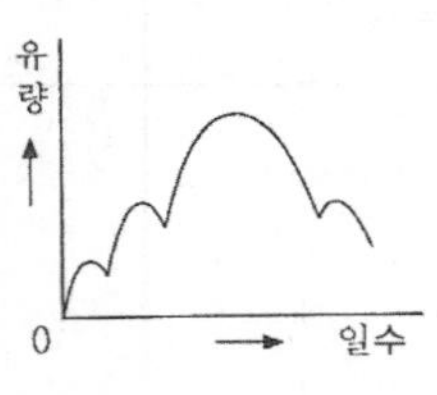

[유량도]

(2) **유황곡선** : 유량도를 기초로 하여 유량이 큰 순서로 배열 → 연간 발전계획의 기초

① **갈수량** : 1년 365일 중 355일은 이것보다 내려가지 않는 유량
② **저수량** : 1년 365일 중 275일은 이것보다 내려가지 않는 유량
③ **평수량** : 1년 365일 중 185일은 이것보다 내려가지 않는 유량
④ **풍수량** : 1년 365일 중 95일은 이것보다 내려가지 않는 유량
⑤ **고수량** : 매년 1~2회 생기는 수량
⑥ **홍수량** : 3~4년에 1회 생기는 수량

(3) **적산유량곡선** : 매일 수량을 적산하여 기록 → 댐설계, 저수지 용량 결정

09 댐의 부속설비

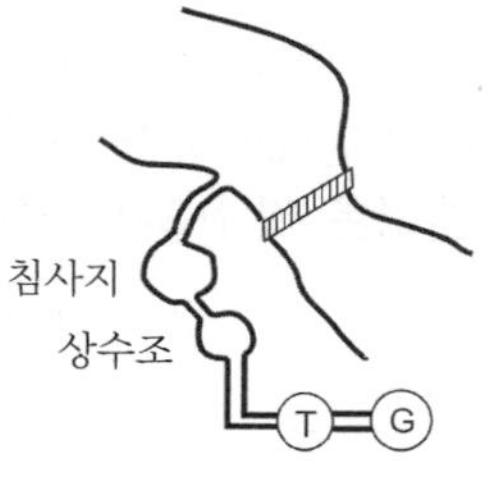

(1) 취수구 : 물을 수로로 도입하는 구조물

① **제수문** : 유량 조절

② **스크린** : 불순물 제거

(2) 수로

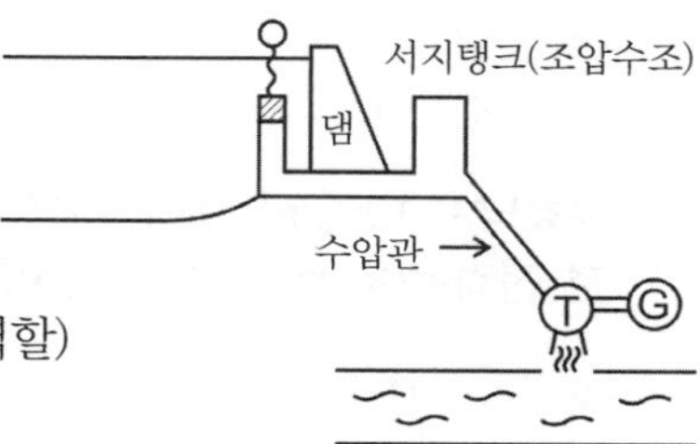

① **무압 수로** : 기울기 $\frac{1}{500} \sim \frac{1}{1,500}$

② **압력 수로** : 기울기 $\frac{1}{300} \sim \frac{1}{400}$

③ **역사이펀** : 폭이 넓은 도로나 철도를 횡단(지하도역할)

④ **수로교** : 하천을 횡단할 경우 사용(다리역할)

(3) 침사지 : 유입한 물에 함유된 토사를 제거

① **평균유속** : 0.25[m/s]

② **배수문** : 침전된 토사를 제거

(4) 수조 : 도수로 말단에 설치됨

① **차동조압 수조** : 수조 내부에 상승관을 설치하여 수격작용 완화

② **수실조압 수조** : 저수지 이용수심이 클 때 사용

③ **단독형**

④ **제수공형**

※ 헤드탱크 : 무압수로 종단에 있는 수조로 수차의 부하 급증시 물을 보충하고 감소시 잉여수를 배제한다.

(5) 조속기 : 부하 변동에 따른 속도 변화를 감지하여 입력 수량을 자동으로 조절하는 장치

① **조속기 동작순서** : 평속기(회전단자) → 배압밸브 → 서브 모터 → 복원기구

② **조속기의 부동시간** : 부하에 변동이 생겨 서브 모터의 피스톤이 움직이기 시작할 때까지의 시간

③ 조속기의 부동시간은 짧은 시간 내 동작하는 것이 좋다(0.2~0.5초 동작함).

④ **폐쇄시간** : 안내날개가 작동하여 멈출 때까지의 시간(2~5초)

11 CHAPTER

출제예상문제

01 **어떤 발전소의 유효낙차가 100[m]이고, 최대 사용수량이 10[m^3/sec]일 경우 이 발전소의 이론적인 출력은 몇 [KW]인가?**

① 4,900 ② 9,800 ③ 10,000 ④ 14,700

해설

발전소 출력 : $P = 9.8\,QH = 9.8 \times 10 \times 100 \, = \, 9{,}800$[KW]

02 **유효낙차 100[m], 최대 사용수량 20[m^3/s], 설비이용률 70[%]의 수력 발전소의 연간 발전 전력량[KWh]은 대략 얼마인가? (단, 수차 발전기의 종합효율은 85[%]이다.)**

① 25×10^6 ② 50×10^6 ③ 100×10^6 ④ 200×10^6

해설

연간 발전량 W = P · t[KWh]

: $P = 9.8\,QH\eta h = 9.8 \times 20 \times 100 \times 0{,}7 \times 0.85 \times 365 \times 24 \, = \, 100 \times 10^6$[KWh]

03 **갈수기 평균 가능출력과 상시 출력의 차로 표시되는 출력은?**

① 상시 출력 ② 첨두 출력 ③ 보급 출력 ④ 예비 출력

해설

보급 출력 = 갈수기 평균 출력 − 상시 출력

04 **유역면적이 80[Km^2], 유효낙차 30[m], 연간 강우량 1,500[mm]의 수력 발전소에서 그 강우량의 70[%]만 이용한다면 연간 발생 전력량은 몇 [KWh]인가? (단, 수차 발전기 등의 종합효율은 80[%]이다.)**

① 1.49×10^5 ② 1.49×10^6 ③ 5.49×10^5 ④ 5.49×10^6

해설

연간 발전량 : $P = 9.8\,QH\eta h = 9.8 \times 2.663 \times 30 \times 0.8 \times 365 \times 24$

$= 5.49 \times 10^6$[KWh]

유량 : $Q = \dfrac{80 \times 10^6 \times \dfrac{1{,}500}{1{,}000} \times 0.7}{365 \times 24 \times 3{,}600} = 2.663\,[m^3/s]$

정답 01 ② 02 ③ 03 ③ 04 ④

05 유효낙차 50[m], 이론수차 4,900[KW]인 수력 발전소가 있다. 이 발전소의 최대 사용수량은 몇 [m³/sec]이겠는가?

① 10 ② 25
③ 50 ④ 75

해설

강수량 : $Q = \frac{P}{9.8H} = \frac{4,900}{9.8 \times 50} = 10[\mathrm{m}^3/\mathrm{s}]$

06 댐 이외에 하천 하류의 구배를 이용할 수 있도록 수로를 설치하여 낙차를 얻는 발전방식은?

① 유역 변경식 ② 댐식
③ 수로식 ④ 댐 수로식

해설

수로식 : 유량이 적고 하천의 기울기가 큰 자연낙차 이용하여 발전

07 첨두부하에 전력을 공급하는 데 적당한 수력 발전소 방식은?

① 양수식 ② 수로식
③ 댐식 ④ 유역 변경식

해설

양수식 : 첨두부하에 전력을 공급하는 수력 발전 방식

08 양수 발전의 목적은?

① 연간 발전량[KWh]의 증가
② 연간 평균 발전 출력[KW]의 증가
③ 연간 발전 비용[원]의 감소
④ 연간 수력 발전량[KWh]의 증가

해설

양수 발전 목적 : 연간 발전 비용 감소

정답 05 ① 06 ③ 07 ① 08 ③

09 MHD 발전에 대한 설명으로 옳은 것은?

① 수차 직렬 유도 발전기에 의한 발전방식이다.
② 2종의 도체의 접점 간에 온도차가 생겼을 때 기전력이 발생되는 발전방식이다.
③ 열음극으로부터의 열전자 방출에 의한 발전방식이다.
④ 도전성 유체와 자장의 상호작용에 의한 직접 발전방식이다.

해설

MHD 발전(Magnet Hydro Dynamic Generation) : 도전성 유체와 자장의 상호작용에 의한 직접 발전방식

10 수력학에 있어서 수두의 의미는?

① m　② Kg・m　③ Kg/m　④ Kg/m^2

해설

수두 : H[m]

11 수압관 안의 1점에서 흐르는 물의 압력을 측정한 결과 7[Kg/cm^2]이고 유속을 측정한 결과 49[m/s]이었다. 그 점에서의 압력수두는 몇 [m]인가?

① 30　② 50　③ 70　④ 90

해설

압력수두 : $H = \dfrac{P}{\omega} = \dfrac{70,000}{1,000} = 70$[m] (7[$kg/cm^2$] = 70,000[$kg/cm^2$])

12 유역면적 365[Km^2]의 발전지점에서 연 강수량 2,400[mm]일 때 강수량의 1/3이 이용된다면 연평균 유량은 몇 [m^3/sec]인가?

① 5.26　② 7.26　③ 9.26　④ 11.26

해설

연평균 유량 : $Q = \dfrac{365 \times 1,000^2 \times \dfrac{2,400}{1,000} \times \dfrac{1}{3}}{365 \times 24 \times 3,600} = 9.26$[$m^3$/s]

정답 09 ④ 10 ① 11 ③ 12 ③

13 **소하천 등의 적은 유량을 측정하는 방법으로 가장 적합한 것은?**

① 언측법 ② 유속계법 ③ 부자법 ④ 염수속도법

해설

언측법 : 소하천 등 적은 유량 측정법

14 **수차의 특유속도를 표시하는 식은? (단, N은 수차의 정격 회전수, H는 유효낙차, P는 유효 출력 H에 있어서의 최대출력[KW])**

① $\frac{NP^{\frac{1}{2}}}{H^{\frac{5}{4}}}$ ② $\frac{NP^{\frac{1}{3}}}{H^{\frac{2}{3}}}$ ③ $\frac{NP^{\frac{3}{2}}}{H^{\frac{3}{4}}}$ ④ $\frac{NP}{H^{\frac{1}{2}}}$

해설

특유속도 : $N_S = N\frac{P^{\frac{1}{2}}}{H^{\frac{5}{4}}}$ [m・kW]

15 **수차의 특유속도가 크다는 의미는?**

① 수차의 실제 회전수가 빠르다는 뜻이다.
② 유수의 유속이 빠르다는 뜻이다.
③ 수차의 속도 변동률이 크다는 뜻이다.
④ 수차의 러너와 유수와의 상대속도가 크다는 뜻이다.

해설

특유속도 : 수차의 유수와 러너의 상대속도

16 **수차의 유효낙차와 안내날개 그리고 노즐의 열린 정도를 일정하게 하여 놓은 상태에서 조속기가 동작하지 않게 하고 전부하 정격속도로 운전 중에 무부하로 하였을 경우에 도달하는 최고속도를 무엇이라 하는가?**

① 특유 속도(specific speed) ② 동기 속도(synchronous speed)
③ 무구속 속도(runaway speed) ④ 임펄스 속도(impulse speed)

해설

무부하 속도 : 무부하 상태에서 회전 속도

정답 13 ① 14 ① 15 ④ 16 ③

17 특유속도가 가장 작은 수차는?

① 프로펠러 수차 ② 프란시스 수차
③ 펠턴 수차 ④ 카플란 수차

해설

펠턴 수차 : 특유속도가 가장 작다.

18 낙차 290[m], 회전수 500[rpm]인 수차를 225[m]의 낙차에서 사용할 때 회전수는 약 몇 [rpm]으로 하면 적당한가?

① 400 ② 440 ③ 480 ④ 520

해설

$\frac{N_2}{N_1} = (\frac{H_2}{H_1})^{\frac{1}{2}}$ 에서 $N_2 = \sqrt{\frac{225}{290}} \times 500 = 440$[rpm]

19 다음은 수압관 내의 평균유속을 V[m/s], 사용유량을 Q[m³/s]라 하고, 관의 직경을 D[m]라고 하면, 사용유량 Q를 구하는 식은?

① $\frac{\pi}{4} \cdot D^2 \cdot V\,[m^3/s]$ ② $\frac{4}{\pi} \cdot D^2 \cdot V\,[m^3/s]$
③ $4\pi \cdot D^2[m^3/s]$ ④ $4\pi \cdot D \cdot V\,[m^3/s]$

해설

유량 : $Q = \frac{\pi}{4} D^2 V[m^3/s]$

20 수력 발전소에서 갈수량이란?

① 1년(365일간) 중 355일간은 이보다 낮아지지 않는 유량
② 1년(365일간) 중 275일간은 이보다 낮아지지 않는 유량
③ 1년(365일간) 중 185일간은 이보다 낮아지지 않는 유량
④ 1년(365일간) 중 95일간은 이보다 낮아지지 않는 유량

해설

갈수량 : 1년 365일 중 355일은 이것보다 내려가지 않는 유량

정답 17 ③ 18 ② 19 ① 20 ①

21 **수력 발전소의 댐을 설계하거나 저수지의 용량 등을 결정하는 데 가장 적당한 것은?**

① 유량도
② 적산유량곡선
③ 유황곡선
④ 수위유량곡선

해설
적산유량곡선 : 매일 수량을 적산하여 기록 → 댐설계, 저수지 용량 결정

22 **기초와 양안의 암반이 양호한 협곡에 적합한 댐은?**

① 중력댐
② 사력댐
③ 아치댐
④ 중공댐

해설
아치댐 : 기초와 양안의 암반이 양호한 협곡에 적합

23 **압력수두를 속도수두로 바꾸어서 작용시키는 수차는?**

① 프란시스 수차
② 카플란 수차
③ 펠턴 수차
④ 사류 수차

해설
펠턴 수차 : 압력수두를 속도수두로 바꾸어 작용시키는 수차

24 **수차의 종류를 적용 낙차가 높은 것으로부터 낮은 순서로 나열한 것은?**

① 프란시스 – 펠턴 – 프로펠러
② 펠턴 – 프란시스 – 프로펠러
③ 프란시스 – 프로펠러 – 펠턴
④ 프로펠러 – 펠턴 – 프란시스

해설
튜블러 수차 < 프로펠러(카플란) 수차 < 프란시스(사류) < 펠턴 수차

정답 21 ② 22 ③ 23 ③ 24 ②

25 **수력 발전설비에서 흡출관을 사용하는 목적은?**

① 압력을 줄이기 위하여
② 속도 변동률을 적게 하기 위하여
③ 물의 유선을 일정하게 하기 위하여
④ 낙차를 늘리기 위하여

해설
흡출관 사용 목적 : 낙차를 늘릴 수 있다.

26 **취수구에 제수문을 설치하는 목적은?**

① 낙차를 높인다.
② 홍수위를 낮춘다.
③ 유량을 조절한다.
④ 모래를 배제한다.

해설
제수문 : 유량 조절

27 **수조에 대한 설명으로 옳은 것은?**

① 무압수로의 종단에 있으면 조압수조, 압력수로의 종단에 있으면 헤드탱크라 한다.
② 헤드탱크의 용량은 최대 사용수량의 1~2시간에 상당하는 크기로 설계된다.
③ 조압수조는 부하변동에 의하여 생긴 압력터널 내의 수격압이 압력터널에 침입하는 것을 방지한다.
④ 헤드탱크는 수차의 부하가 급증할 때에는 물을 배제하는 기능을 가지고 있다.

해설
조압수조 : 수격압이 터널 내에 침입하는 것을 방지한다.

28 **수력 발전소에서 조압수조를 설치하는 목적은?**

① 부유물의 제거
② 수격작용의 완화
③ 유량의 조절
④ 토사의 제거

해설
조압수조 설치 목적 : 수격작용 완화

정답 25 ④ 26 ③ 27 ③ 28 ②

29 터빈의 비상 조속기가 동작할 때는 어떤 때인가?

① 터빈 속도가 정격속도의 110(%)까지 상승하였을 때
② 송전선로가 차단되어 발전기가 무부하상태로 되었을 때
③ 발전기 내부고장이 발생하였을 때
④ 증기 압력이 과승하였을 때

해설

조속기 : 부하변동에 따른 속도 변화를 감지하여 입력 수량을 자동으로 조절하는 장치

30 부하변동이 있을 경우 수차(또는 증기터빈) 입구의 밸브를 조작하는 기계식 조속기의 각 부의 동작 순서는?

① 평속기 → 복원기구 → 배압밸브 → 서브모터
② 배압밸브 → 평속기 → 서브모터 → 복원기구
③ 평속기 → 배압밸브 → 서브모터 → 복원기구
④ 평속기 → 배압밸브 → 복원기구 → 서브모터

해설

조속기 동작 순서 : 평속기(회전단자) → 배압밸브 → 서브모터 → 복원기구

31 유효낙차 100[m], 최대 유량 20[m^3/s]의 수차가 있다. 낙차가 81[m]로 감소하면 유량 [m^3/s]은? (단, 수차에서 발생되는 손실 등은 무시하며 수차 효율은 일정하다.)

① 15　　② 18
③ 24　　④ 30

해설

낙차의 변화에 따른 특성 변화

$\frac{Q_2}{Q_1} = (\frac{H_2}{H_1})^{\frac{1}{2}}$ 의 관계를 갖는다.

$$Q_2 = (\frac{H_2}{H_1})^{\frac{1}{2}} \times Q_1$$

$$= (\frac{81}{100})^{\frac{1}{2}} \times 20 = 18[m^3/s]$$

정답 29 ① 30 ③ 31 ②

32 **수압 철관의 안지름이 4[m]인 곳에서의 유속이 4[m/s]이다. 안지름이 3.5[m]인 곳에서의 유속[m/s]은 약 얼마인가?**

① 4.2　② 5.2　③ 6.2　④ 7.2

해설

연속의 원리

$d_1^2 v_1 = d_2^2 v_2$

$v_2 = (\frac{d_1}{d_2})^2 \times v_1$

$= (\frac{4}{3.5})^2 \times 4 = 5.22[\text{m/s}]$

33 **그림과 같은 유황곡선을 가진 수력지점에서 최대 사용수량 OC로 1년간 계속 발전하는 데 필요한 저수지의 용량은?**

① 면적 OCPBA
② 면적 OCDBA
③ 면적 DEB
④ 면적 PCD

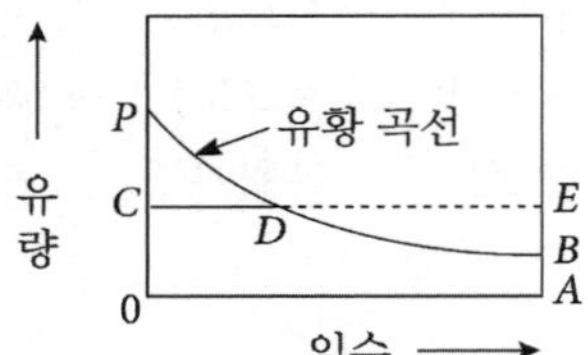

해설

유황곡선

최대 사용 수량 OC로 1년간 계속 발전할 때, 부족 수량은 면적 DEB에 상당한 수량이므로, 이 면적에 상당한 수량만큼 저수해 주면 된다.

34 **수력 발전소의 형식을 취수방법, 운용방법에 따라 분류할 수 있다. 다음 중 취수방법에 따른 분류가 아닌 것은?**

① 댐식　② 수로식　③ 조정지식　④ 유역 변경식

해설 Chapter 01

수력 발전소 : 낙차에 의한 분류

(1) 수로식
(2) 댐식
(3) 댐식 수로식
(4) 유역 변경식

정답 32 ② 33 ③ 34 ③

chapter

12

화력 발전
(기력 발전)

12 CHAPTER 화력 발전(기력 발전)

- 내연력 발전 : 디젤 기관차와 구조가 비슷
- 가스터빈 발전 : 첨두부하에 사용

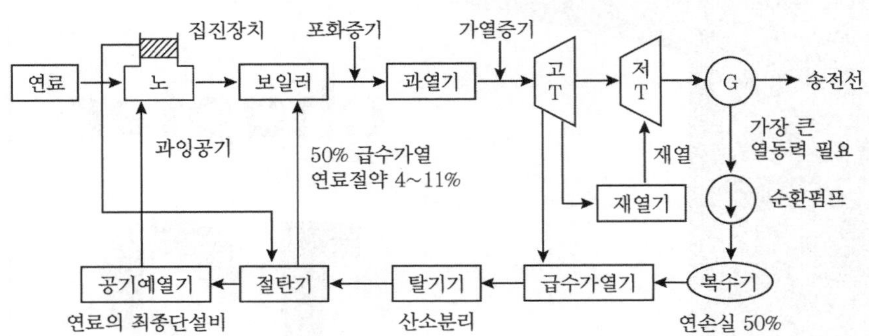

※ 급수 가열기만 존재 : 재생 사이클
재열기만 존재 : 재열 사이클(재열기 → 증기를 다시 가열)
재열기, 급수 가열기 모두 존재 : 재열 재생 사이클

※ 급수 및 증기가 흐르는 순서 : 절탄기 → 보일러 → 과열기 → 터빈 → 복수기

01 증기의 성질

(1) 임계점

① **임계압력** : 225.65[Kg/cm^2] → 임계온도에서 액화하는 데 필요한 압력

② **임계온도** : 374.15[°C] → 아무리 큰 압력을 가해도 액화되지 않는 최저온도

(2) 엔탈피[i] : 단위무게의 물 또는 증기가 보유하는 전열량[Kcal/Kg]

즉, 기체 1kg이 일정한 압력에 대해서 비체적 v를 늘리기 위해서 외부에 하는 일

(3) 엔트로피[S] : 기준상태 [T °K]에서 자연상태[T_0° K]에 이르는 사이에 물체에 일어난 열량의 변화를 그 때의 절대온도로 나눈 것

$H = 860\eta PT = Cm(T-t)$

※ 1[BTU] = 0.252[Kcal], 1[KWh] = 860[Kcal]

(4) 증기 : 습증기 → 건조 포화 증기 → 과열증기

02 연료

(1) **고체연료** : 석탄, 무연탄, 역청탄 발열량(5,000~5,500[Kcal])

연소방식
- 미분탄 연소방식(연료를 잘게 쪼개서 사용)
- 먼지제거 → 집진장치 {전기식 집진장치 : 코트렐 집진장치 / 기계식 집진장치 : 싸이클론 집진장치}
- 공기 과잉률 = $\frac{\text{실제공기량}}{\text{이론공기량}}$

(2) **액체연료** : 중유(9,500~10,000[Kcal])

03 노 : 공급된 연료와 공기를 혼합 완전 연소시키는 장치

※ 노의 종류 : 벽돌벽, 공랭벽, 수냉벽(흡수 열량이 가장 크다.)

04 보일러 급수영향

(1) **스케일** : 고형물질이 보일러 표면에 부착되는 현상으로 열 통과율 저하의 원인

(2) **포오밍** : 급수 시 불순물이 원인이 되어 보일러 표면에 거품이 일어나는 현상

(3) **프라이밍** : 부하가 갑자기 증가하여 압력이 떨어졌을 때 일어나는 보일러 물의 비등현상

(4) **케리오우버** : 급수라인에 있던 불순물이 증기와 함께 운반되는 현상으로 터빈에 장해를 주는 것

※ 위 현상들은 급수의 불순물 때문에 일어나는 현상들이다.
※ 탈기기 : 산소와 이산화탄소를 분리시키는 장비

05 열 사이클의 종류

(1) **카르노 사이클** : 가장 이상적인 사이클

※ 발전형식 중 복수기의 손실만 고려한 가역 Cycle

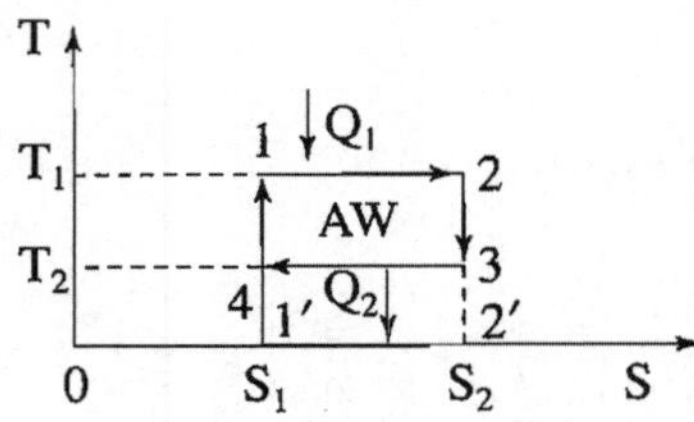

2개의 등온변화와 2개의 단열변화

$$\frac{T_1 - T_2}{T_1} = \frac{Q_1 - Q_2}{Q_1}$$

(2) 랭킨 사이클 : 기력 발전에서 가장 기본이 되는 사이클

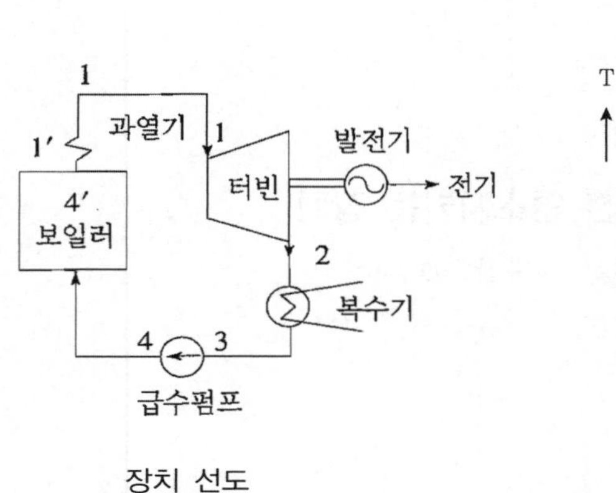

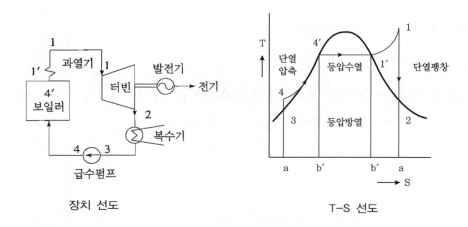

장치 선도

T–S 선도

※ 순환과정 : 등압가열 → 단열팽창 → 등압냉각 → 단열압축

(3) 재생 사이클 : 터빈 팽창 중단에서 일단 증기를 일부만 추출 후 급수 가열기에 공급

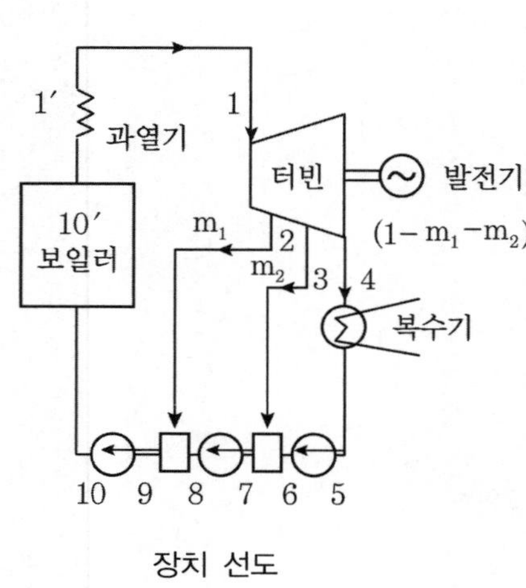

장치 선도

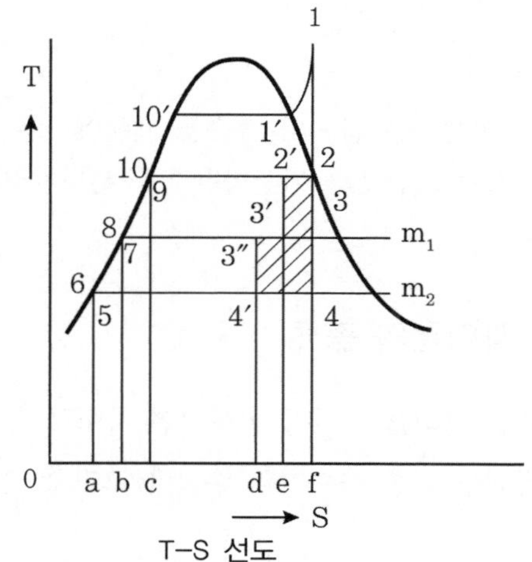

T–S 선도

(4) **재열 사이클** : 터빈 팽창 중단에서 일단 증기를 전부 추출 후 재가열하여 터빈에 공급

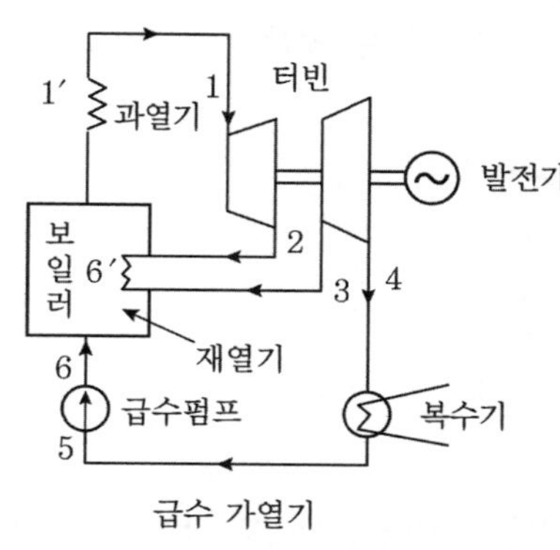

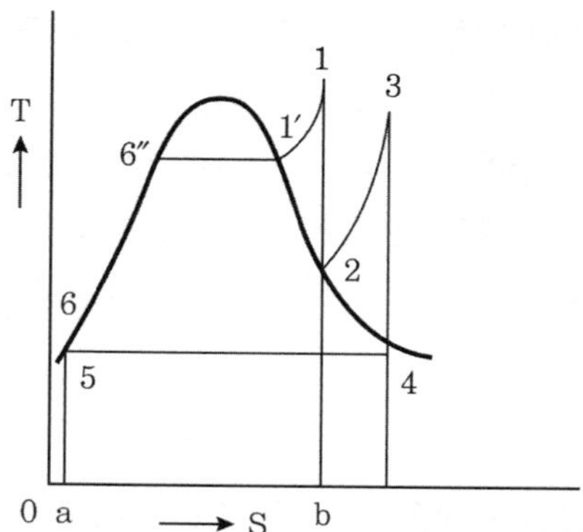

(5) **재생 재열 사이클** : 대용량 기력 발전소에서 가장 많이 사용

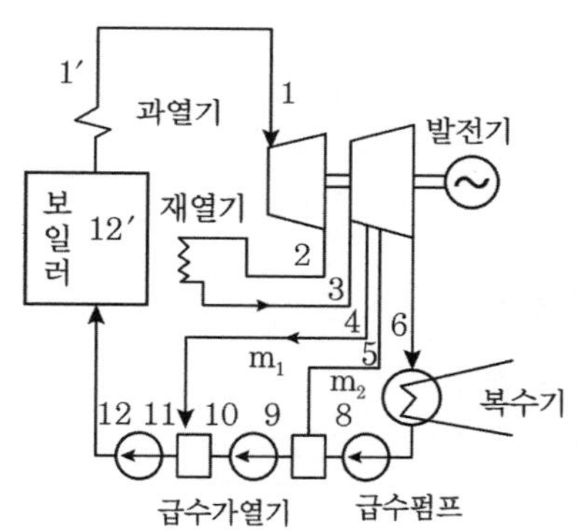

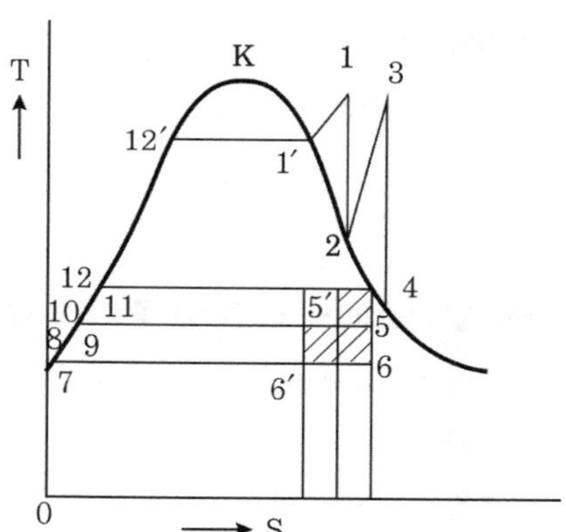

06 발전소의 열효율

발전기 효율 : $\eta = \dfrac{860W}{mH} \times 100$ $\begin{cases} w : \text{전력량[KWH]} \\ m : \text{질량[Kg]} \\ H : \text{발열량[Kcal]} \end{cases}$

※ 냉각 방식 : 수소 냉각 방식(고속기)

※ 공기 냉각 방식과 비교

- 장점 : 출력이 20~25[%] 증대
  풍손이 $\dfrac{1}{10}$로 감소
- 단점 : 공기와 혼합시 폭발우려가 있다.
  냉각수 소요가 많다.

- 보일러 효율 $\eta_B = \dfrac{(i_1 - i_4)Z}{mH} \times 100$
- 증기터빈 효율 $\eta_T = \dfrac{860P_T}{(i_1 - i_2)Z} \times 100$
- 증기터빈실 효율 $\eta_{tr} = \dfrac{860P_T}{(i_1 - i_3)Z} \times 100$

12 CHAPTER

출제예상문제

01 **화력 발전소의 위치를 선정할 때 고려하지 않아도 되는 것은?**

① 전력 수요지에 가까울 것
② 값싸고 풍부한 용수와 냉각수가 얻어질 것
③ 연료의 운반과 저장이 편리하며 지반이 견고할 것
④ 바람이 불지 않도록 산으로 둘러져 있을 것

02 **발전소 원동기로 이용되는 가스터빈의 특징을 증기터빈 내연기관에 비교하면?**

① 평균효율이 증기터빈에 비하여 대단히 낮다.
② 기동시간이 짧고 조작이 간단하므로 첨두부하 발전이 적당하다.
③ 냉각수가 비교적 많이 든다.
④ 설비가 복잡하며 건설비 및 유지비가 많고 보수가 어렵다.

03 **화력 발전소에서 급수 및 증기가 흐르는 순서는?**

① 절탄기 → 보일러 → 과열기 → 터빈 → 복수기
② 절탄기 → 보일러 → 과열기 → 복수기 → 터빈
③ 보일러 → 절탄기 → 과열기 → 터빈 → 복수기
④ 보일러 → 과열기 → 절탄기 → 터빈 → 복수기

해설

급수 및 증기가 흐르는 순서 : 절탄기 → 보일러 → 과열기 → 터빈 → 복수기

04 **증기의 엔탈피란?**

① 증기 1[Kg]의 잠열
② 증기 1[Kg]의 보유열량
③ 증기 1[Kg]의 감열
④ 증기 1[Kg]의 증발열을 그 온도로 나눈 것

해설

엔탈피[i] : 단위무게의 물 또는 증기가 보유하는 전열량[Kcal/Kg]

정답 01 ④ 02 ② 03 ① 04 ②

05 중유 연소 기력 발전소의 공기 과잉률은 대략 얼마인가?

① 0.05 ② 1.22 ③ 2.38 ④ 3.45

해설

공기 과잉률 : 1.22

06 석탄 연소 화력 발전소에서 사용되는 집진장치의 효율이 가장 큰 것은?

① 전기식 집진기
② 수세식 집진기
③ 원심력식 집진장치
④ 직렬 결합식 집진장치

해설

집진장치 : 전기 집진기(전기 집진장치) 사용

07 화력 발전소에서 가장 큰 손실은 주로 어떤 손실인가?

① 연돌 배출가스
② 복수기의 방열손실
③ 소내용 동력
④ 터빈 및 발전기의 손실

해설

복수기 : 손실이 가장 크다.

08 터빈에서 배기되는 증기를 용기 내로 도입하여 물로 냉각하면 증기는 응결하고 용기 내는 진공이 되며 증기를 저압까지 팽창시킬 수 있다. 이렇게 하면 전체의 열낙차를 증가시키고 증기터빈의 열 효율을 높일 수 있는데 이러한 목적으로 사용되는 설비는?

① 조속기 ② 복수기 ③ 과열기 ④ 재열기

해설

복수기 : 사용한 증기를 냉각시켜 재사용

09 복수기에 냉각수를 보내는 펌프는?

① 순환펌프 ② 급수펌프 ③ 배출펌프 ④ 복수펌프

해설

순환펌프 : 복수기에 냉각수를 보내는 펌프

정답 05 ② 06 ① 07 ② 08 ② 09 ①

10 **증기터빈의 증기누설 방지장치에 일반적으로 사용되지 않는 패킹은?**

① 래버린스 패킹 ② 한스 패킹
③ 수공 패킹 ④ 고무 패킹

해설
고무 패킹은 온도에 약하기 때문에 사용할 수 없다.

11 **포오밍(foaming)의 원인은?**

① 과열기의 손상 ② 냉각수의 불순물
③ 급수의 불순물 ④ 기압의 과대

해설
포오밍 : 보일러 표면에 거품이 일어나는 현상(급수 불순물에 의한 현상)

12 **기력 발전소에서 탈기기의 설치목적으로 가장 타당한 것은?**

① 급수 중의 용존산소 및 이산화탄소 분리
② 급수의 습증기 건조
③ 물때의 부착방지
④ 염류 및 부유물질 제거

해설
탈기기 설치목적 : 급수 중의 용존산소 및 이산화탄소 분리

13 **기력 발전소의 기본 싸이클이다. 순서가 옳은 것은?**

① 급수펌프 → 과열기 → 터빈 → 보일러 → 복수기 → 다시 급수펌프로
② 급수펌프 → 보일러 → 과열기 → 터빈 → 복수기 → 다시 급수펌프로
③ 보일러 → 과열기 → 복수기 → 터빈 → 급수펌프 → 축열기 → 다시 과열기로
④ 보일러 → 급수펌프 → 과열기 → 복수기 → 급수펌프 → 다시 보일러로

해설
기력 발전소의 기본 싸이클
: 급수펌프 → 보일러 → 과열기 → 터빈 → 복수기 → 다시 급수펌프로

정답 10 ④ 11 ③ 12 ① 13 ②

14 **그림과 같은 열 사이클은 무슨 사이클인가?**

① 랭킨 사이클
② 재생 사이클
③ 재열 사이클
④ 재생 · 재열 사이클

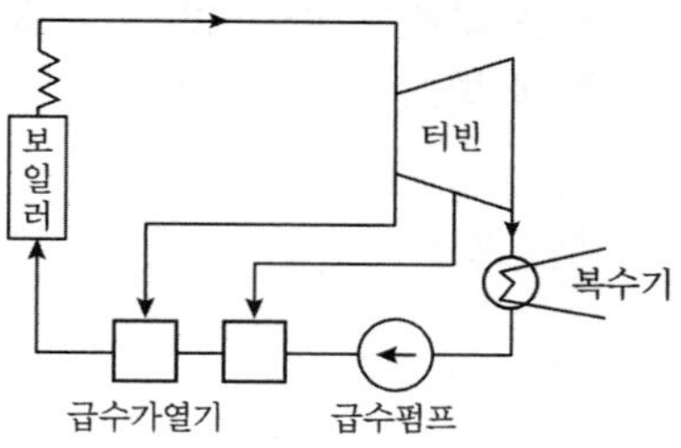

15 **그림은 랭킨 사이클의 T-S 선도이다. 보일러 내의 등온팽창을 나타내는 부분은?**

① A-B
② B-C
③ C-D
④ D-E

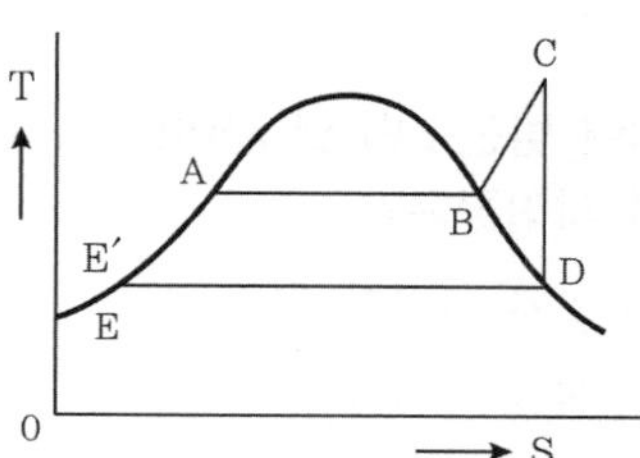

16 **그림과 같은 T-S 선도를 갖는 열 사이클은?**

① 카르노 사이클
② 랭킨 사이클
③ 재생 사이클
④ 재열 사이클

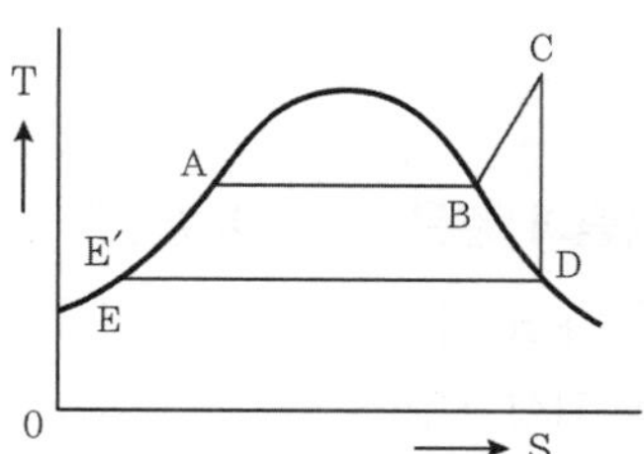

17 **기력 발전소의 열효율을 올리는 데 가장 효과적인 것은?**

① 절탄기의 사용
② 포화 증기의 과열
③ 재생 · 재열 사이클의 채용
④ 연소용 공기의 예열

해설

기력 발전소의 열효율을 올리는 데 가장 효과적인 방법 : 재생 · 재열 사이클의 채용

정답 14 ② 15 ① 16 ② 17 ③

18 **고압 터빈 내에서 습증기가 되기 전에 증기를 모두 추출하여 한번 더 보일러의 연소가스 또는 과열증기에 의하여 가열시키고 다시 저압 터빈에 넣어서 팽창을 계속하여 열효율을 좋게 하는 사이클은?**

① 랭킨 사이클
② 재생 사이클
③ 2유체 사이클
④ 재열 사이클

해설
재열 사이클 : 터빈 팽창 중단에서 일단 증기를 전부 추출 재가열하여 터빈에 공급

19 **기력 발전소의 열 사이클 중 가장 기본적인 것으로서 두 등압변화와 두 단열변화로 되는 열 사이클은?**

① 랭킨 사이클
② 재생 사이클
③ 재열 사이클
④ 재생재열 사이클

해설
랭킨 사이클 : 기력 발전에서 가장 기본이 되는 사이클

20 **그림과 같은 열 사이클은?**

① 재열 사이클
② 재생 사이클
③ 재열재생 사이클
④ 기본 사이클

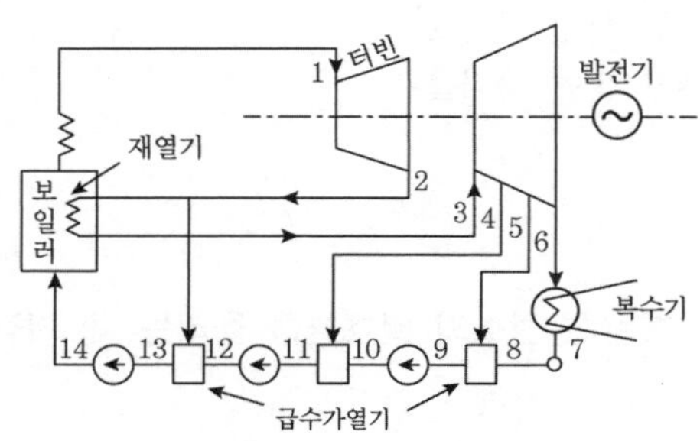

21 **화력 발전소에서 재열기의 목적은?**

① 급수를 가열한다.
② 석탄을 건조한다.
③ 공기를 가열한다.
④ 증기를 가열한다.

해설
재열기 : 증기를 가열하는 장치

정답 18 ④ 19 ① 20 ③ 21 ④

22 **종합효율 40[%]의 화력 발전소에서 열량 5,000[Kcal]의 석탄 1[Kg]이 발생하는 전력량은 몇 [KWh]인가?**

① 2.3　　② 3.5　　③ 4.7　　④ 5.8

해설

발전기 효율 : $\eta = \dfrac{860W}{mH}$이므로

발생 전력량 : $W = \dfrac{\eta m H}{860} = \dfrac{0.4 \times 1 \times 5{,}000}{860} = 2.3$

23 **5,700[Kcal/Kg]의 석탄을 150[ton] 소비해서 200,000[KWh]를 발전했을 때의 발전소의 효율은 약 몇 [%]인가?**

① 12　　② 16　　③ 20　　④ 24

해설

발전기 효율 : $\eta = \dfrac{860W}{mH} \times 100 = \dfrac{860 \times 200{,}000}{150 \times 10^3 \times 5{,}700} \times 100 = 20[\%]$

24 **화력 발전소에서 1톤의 석탄으로 발생시킬 수 있는 전력량은 약 몇 [KWh]인가? (단, 석탄 1[Kg]의 발열량은 5,000[Kcal], 효율은 20[%]이다.)**

① 960　　② 1,060　　③ 1,160　　④ 1,260

해설

발전기 효율 : $\eta = \dfrac{860W}{mH} \times 100$에서

발생 전력량 : $W = \dfrac{\eta m H}{860} = \dfrac{0.2 \times 1 \times 10^3 \times 5{,}000}{860} = 1{,}162[\text{KWh}]$

25 **발열량 5,500[Kcal/Kg]의 석탄 1ton을 연소하여 2,400[KWh]의 전력을 발생하는 화력 발전소의 열효율은 약 몇 [%]인가?**

① 27.5　　② 32.5　　③ 35.5　　④ 37.5

해설

발전기 효율 : $\eta = \dfrac{860W}{mH} \times 100 = \dfrac{860 \times 2{,}400}{1 \times 10^3 \times 5{,}500} \times 100 = 37.5[\%]$

정답　22 ①　23 ③　24 ③　25 ④

26 **화력 발전소에서 1[ton]의 석탄으로 발생할 수 있는 전력량은 몇 [KWh]인가? (단, 석탄의 발열량은 5,500[Kcal/Kg]이고 발전소 효율은 33[%]로 한다.)**

① 1,860　　② 2,110
③ 2,580　　④ 2,840

해설

발생 전력량 : $W = \dfrac{\eta m H}{860} = \dfrac{0.33 \times 1 \times 10^3 \times 5{,}500}{860} = 2{,}110$[KWh]

27 **터빈 발전기에서 수소 냉각방식을 공기 냉각방식과 비교한 것 중 수소 냉각방식의 특징이 아닌 것은?**

① 동일기계에서 출력을 증가할 수 있다.
② 풍손이 적다.
③ 권선의 수명이 길어진다.
④ 코로나 발생이 심하다.

해설

수소 냉각 방식 : 코로나 전압이 높아 코로나 발생이 작다.

28 **어느 화력 발전소에서 40,000[kWh]를 발전하는 데 발열량 860[kcal/kg]의 석탄이 60톤 사용된다. 이 발전소의 열효율[%]은 약 얼마인가?**

① 56.7　　② 66.7　　③ 76.7　　④ 86.7

해설

화력 발전소의 열효율

$$\eta = \frac{860P}{MH} \times 100[\%]$$

$$= \frac{860 \times 40{,}000}{60 \times 10^3 \times 860} \times 100[\%] = 66.7[\%]$$

정답 26 ② 27 ④ 28 ②

29 **증기터빈 내에서 팽창 도중에 있는 증기를 일부 추기하여 그것을 갖는 열을 급수가열에 이용하는 열 사이클은?**

① 랭킨 사이클 ② 카르노 사이클
③ 재생 사이클 ④ 재열 사이클

해설
재생 사이클
증기 일부를 추기하여 급수를 가열하는 방식을 말한다.

30 **연료의 발열량이 430[kcal/kg]일 때, 화력 발전소의 열효율[%]은? (단, 발전기 출력은 P_G[kW], 시간당 연료의 소비량은 B[kg/h]이다.)**

① $\frac{P_G}{B} \times 100$ ② $\sqrt{2} \times \frac{P_G}{B} \times 100$
③ $\sqrt{3} \times \frac{P_G}{B} \times 100$ ④ $2 \times \frac{P_G}{B} \times 100$

해설
화력 발전소의 열효율
$\eta = \frac{860\,W}{BH}$ 여기서 $H = 430$[kcal/kg]이므로
$= \frac{2P}{B}$

31 **증기 사이클에 대한 설명 중 틀린 것은?**

① 랭킨 사이클의 열효율은 초기 온도고 및 초기 압력이 높을수록 효율이 크다.
② 재열 사이클은 저압 터빈에서 증기가 포화상태에 가까워졌을 때 증기를 다시 가열하여 고압 터빈으로 보낸다.
③ 재생 사이클은 증기 원동기 내에서 증기의 팽창 도중에서 증기를 추출하여 급수를 예열한다.
④ 재열 재생사이클은 재생 사이클과 재열 사이클을 조합하여 병용하는 방식이다.

해설
화력 발전의 사이클의 특징
재열 사이클이란 고압 터빈에서 압력이 저하한 증기를 추출하여 재열기로 가열하여 가열도를 향상시킨 사이클을 말한다.

정답 29 ③ 30 ④ 31 ②

32 **화력 발전소에서 절탄기의 용도는?**

① 보일러에 공급되는 급수를 예열한다.
② 포화증기를 과열한다.
③ 연소용 공기를 예열한다.
④ 석탄을 건조한다.

해설
절탄기
배기가스의 여열을 이용하여 급수를 가열한다.

33 **증기터빈 출력을 P[kW], 증기량을 W[t/h], 초압 및 배기의 증기 엔탈피를 각각 i_0, i_1 [kcal/kg]이라 하면 터빈의 효율 η_T[%]는?**

① $\dfrac{860P\times10^3}{W(i_0-i_1)}\times100$
② $\dfrac{860P\times10^3}{W(i_1-i_0)}\times100$
③ $\dfrac{860P}{W(i_0-i_1)\times10^3}\times100$
④ $\dfrac{860P}{W(i_1-i_0)\times10^3}\times100$

해설
화력 발전
터빈의 효율 $\eta_T=\dfrac{860P}{W(i_0-i_1)\times10^3}\times100$

34 **터빈(turbine)의 임계속도란?**

① 비상 조속기를 동작시키는 회전수
② 회전자의 고유 진동수와 일치하는 위험 회전수
③ 부하를 급히 차단하였을 때의 순간 최대 회전수
④ 부하 차단 후 자동적으로 정정된 회전수

해설
터빈의 임계속도
터빈의 임계속도란 회전자의 고유 진동수와 일치하는 위험 회전속도가 된다.

정답 32 ① 33 ③ 34 ②

35 **종축에 절대온도 T, 횡축에 엔트로피(entropy) S를 취할 $T-S$ 선도에 있어서 단열변화를 나타내는 것은?**

①
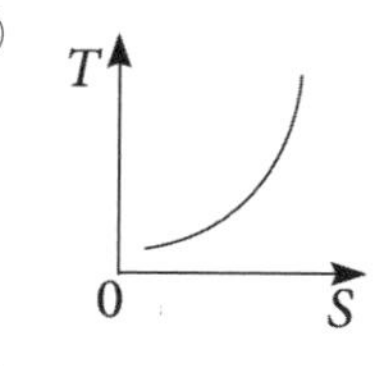

②
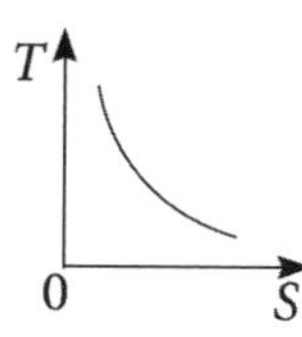

③
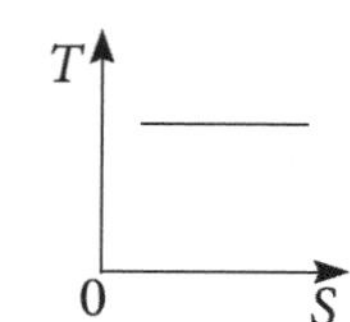

④
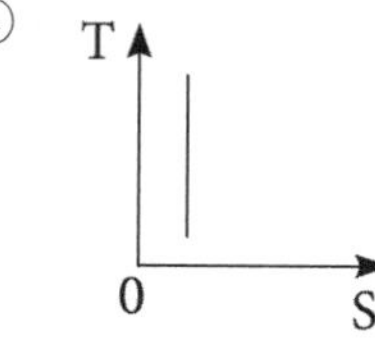

해설

단열 변화이므로 열량의 출입은 없고 $\triangle Q=0$이다. 따라서 단열 변화에 대해서는 $\triangle S=0$이므로 그간의 엔트로피의 변화는 없고 온도에 관계없이 일정하다.

36 **기력 발전소의 열 사이클 과정 중 단열 팽창 과정의 물 또는 증기의 상태 변화는?**

① 습증기 → 포화액
② 과열증기 → 습증기
③ 포화액 → 압축액
④ 압축액 → 포화액 → 포화증기

해설

- 보일러 : 등압 가열
- 복수기 : 등압 냉각
- 터빈 : 단열 팽창
- 급수펌프 : 단열 압축

37 **랭킨 사이클이 취하는 급수 및 증기의 올바른 순환 과정은?**

① 등압가열 → 단열팽창 → 등압냉각 → 단열압축
② 단열팽창 → 등압가열 → 단열압축 → 등압냉각
③ 등압가열 → 단열압축 → 단열팽창 → 등압냉각
④ 등온가열 → 단열팽창 → 등온압축 → 단열압축

해설

랭킨 사이클이 취하는 급수 및 증기의 올바른 순환 과정은 등압가열 → 단열팽창 → 등압냉각 → 단열압축이다.

정답 35 ④ 36 ② 37 ①

38 **출력 30,000[kW]의 화력발전소에서 6,000[kcal/kg]의 석탄을 매시간에 15톤의 비율로 사용하고 있다고 한다. 이 발전소의 종합 효율은 몇 [%]인가?**

① 28.7 ② 31.7 ③ 33.7 ④ 36.7

해설

$$\therefore \eta = \frac{860\,W}{m\,H} = \frac{860 \times 30{,}000}{15 \times 1{,}000 \times 6{,}000} = 0.287 = 28.7\,[\%]$$

39 **증기 터빈의 장·단점 중 옳지 않은 것은?**

① 과열 증기나 고진공인 때의 효율이 매우 낮다.
② 고효율을 내기 위하여는 대용량의 복수기가 필요하다.
③ 과부하 용량이 크고 또한 과부하시의 효율이 높다.
④ 고속도기므로 날개 및 축수 등의 손상이 심하다.

해설

과열증기나 고진공 시 효율이 높다.

40 **터빈 발전기의 냉각을 수소냉각방식으로 하는 이유로 틀린 것은?**

① 풍손이 공기 냉각 시의 약 1/10로 줄어든다.
② 열전도율이 좋고 가스냉각기의 크기가 작아진다.
③ 절연물의 산화작용이 없으므로 절연열화가 작아서 수명이 길다.
④ 반폐형으로 하기 때문에 이물질의 침입이 없고 소음이 감소한다.

해설

동기발전기의 수소 냉각방식
수소 냉각 방식의 경우 폭발할 우려가 있기 때문에 반폐형이 아닌 전폐형으로 한다.

정답 38 ① 39 ① 40 ④

chapter

13

원자력 발전

13 CHAPTER

원자력 발전

01 원자로의 구성 : 화력 발전소의 보일러와 같다.

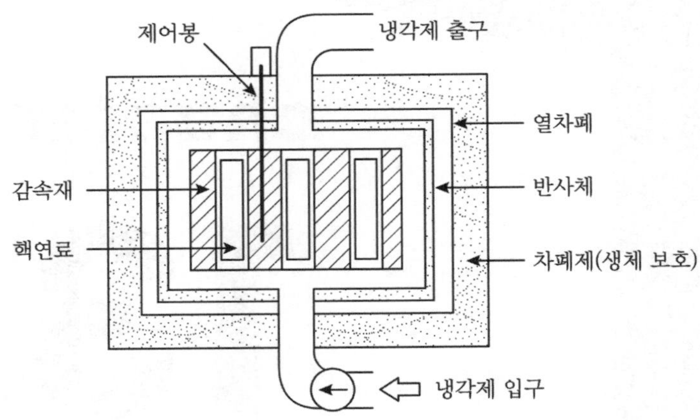

(1) **핵연료** : 저농축 우라늄, 고농축 우라늄, 천연 우라늄, 플루토늄

(2) **제어재** : 핵 분열시 연쇄반응 제어, 중성자수를 조절, 중성자 흡수 단면적이 커야 한다.
재료 : 카드뮴[cd], 하프늄[hf], 붕소[B]

(3) **감속재** : 핵 분열시 연쇄반응을 제어, 고속 중성자를 열 중성자로 감속
중성자 흡수 단면적이 적어야 한다. (원자량은 작은 것이 좋다.)
재료 : 경수[H_2O], 중수[D_2O], 흑연[C], 산화베릴늄[B_e]
↳ 감속비가 가장 크다.

※ **온도계수** : 감속재의 온도 1° 변화에 대한 반응도 변화

(4) **냉각재** : 핵 분열시 발산되는 열에너지를 로 외부로 인출 열 교환기로 운반
중성자 흡수 단면적이 적어야 한다.
재료 : 경수[H_2O], 중수[D_2O], 헬륨[H_e], 이산화탄소[CO_2]

(5) **반사재** : 핵 분열시 반사되는 열에너지를 로 외부로 인출되는 것을 차폐, 연료 소요량 감소
(중성자 흡수 단면적이 적어야 한다.)

재료 : 경수[H_2O], 중수[D_2O], 흑연[C], 산화베릴늄[B_e]

(6) 차폐재 : γ(방사능)선이나 중성자가 노외부로 인출되는 것을 차폐, 콘크리트, 물, 납 등이 사용된다.

※ γ : 파장은 짧고, 투과력이 높다.

02 원자로의 종류

(1) 경수형 원자로(L.W.R)

① 연료 : 저농축 우라늄
  ㉠ 감속재 : 경수
  ㉡ 냉각수 : 경수

② **비등수형 원자로**(B.W.R) - GE (2~3% 저농축)
  ㉠ 원자로 내의 증기와 물 분리 후 증기를 터빈에 공급
  ㉡ 열 교환기가 필요없다.

③ **가압수형 원자로**(P.W.R) - WH (3~5% 저농축)
  ㉠ 비등수형의 단점 보완
  ㉡ 열 교환기가 필요하다.

(2) 중수형 원자로(H.W.R) → 가압 중수형(P.H.W.R)

① 연료 : 천연 우라늄, 중수냉각, 중수감속
  ㉠ 감속재 : 중수
  ㉡ 냉각재 : 중수

(3) 가스 냉각형 원자로(H.T.G.R, G.C.R)

① 연료 : 천연 우라늄
감냉각재 속재, 반사재 : 흑연
: 탄산가스

(4) 고속 증식로(F.B.R) : 증식비 1 이상 → 나트륨 냉각로

CHAPTER 13 출제예상문제

01 **원자로는 화력 발전소의 어느 부분과 같은가?**

① 내열기
② 복수기
③ 보일러
④ 과열기

해설

원자로 : 화력 발전소의 보일러와 같다.

02 **핵연료가 가져야 할 일반적인 특성이 아닌 것은?**

① 낮은 열 전도율을 가져야 한다.
② 높은 융점을 가져야 한다.
③ 방사선에 안정하여야 한다.
④ 부식에 강해야 한다.

해설

열 전도율은 커야 한다.

03 **다음 (㉮), (㉯), (㉰)에 알맞은 것은?**

원자력이란 일반적으로 무거운 원자핵이 핵분열하여 가벼운 원자핵으로 바뀌면서 발생하는 핵분열 에너지를 이용하는 것이고, (㉮)발전은 가벼운 원자핵을 (㉯)하여 무거운 원자핵으로 바꾸면서 (㉰) 전후의 질량결손에 해당하는 방출 에너지를 이용하는 방식이다.

① ㉮ 원자핵 융합 ㉯ 융합 ㉰ 결합
② ㉮ 핵결합 ㉯ 반응 ㉰ 융합
③ ㉮ 핵융합 ㉯ 융합 ㉰ 핵반응
④ ㉮ 핵반응 ㉯ 반응 ㉰ 결합

정답 01 ③ 02 ① 03 ③

04 원자력 발전소에서 감속재에 관한 설명으로 틀린 것은?

① 중성자 흡수 단면적이 클 것　　② 감속비가 클 것
③ 감속률이 클 것　　④ 경수, 중수, 흑연 등을 사용할 것

해설

감속재 : 핵 분열시 연쇄반응을 제어, 고속 중성자를 열 중성자로 감속
중성자 흡수 단면적이 적어야 한다(원자량은 작은 것이 좋다).
재료 : 경수[H_2O], 중수[D_2O], 흑연[C], 산화베릴늄[B_e]
↳ 감속비가 가장 크다.

05 감속재의 온도계수란?

① 감속재의 시간에 대한 온도 상승률이다.
② 반응에 아무런 영향을 주지 않는 계수이다.
③ 열중성자로서 양(+)의 값을 갖는 계수이다.
④ 감속재의 온도 1(℃) 변화에 대한 반응도의 변화이다.

해설

※ 온도계수 : 감속재의 온도 1° 변화에 대한 반응도 변화

06 원자로에서 U^{235}의 핵분열로 생긴 고속 중성자를 열 중성자(thermal neutron)로 만들기 위해 사용하는 재료는?

① 감속재　　② 반사재
③ 냉각재　　④ 제어기

해설

감속재 : 핵 분열시 연쇄반응을 제어, 고속 중성자를 열 중성자로 감속

07 감속재로 사용되지 않는 것은?

① 경수　　② 중수　　③ 흑연　　④ 카드뮴

해설

재료 : 경수[H_2O], 중수[D_2O], 흑연[C], 산화베릴늄[B_e]
↳ 감속비가 가장 크다.

정답 04 ① 05 ④ 06 ① 07 ④

08 **다음의 감속재 중 감속비가 가장 큰 것은?**

① 경수　　② 중수
③ 흑연　　④ 헬륨

해설
감속재 중 감속비가 가장 큰 것은 중수이다.

09 **원자로의 감속재가 구비하여야 할 성질 중 적합하지 않은 것은?**

① 중성자의 흡수 단면적이 작을 것
② 원자량이 큰 원소일 것
③ 중성자와의 충돌 확률이 높을 것
④ 감속비가 클 것

해설
② 원자량이 작은 것이 좋다.

10 **원자력 발전에서 제어봉에 사용되는 제어재로 알맞은 것은?**

① 하프늄　　② 베릴륨
③ 나트륨　　④ 경수

해설
제어재 : 핵 분열시 연쇄반응 제어, 중성자수를 조절
중성자 흡수 단면적이 커야 한다.
재료 : 카드뮴[cd], 하프늄[hf], 붕소[B]

11 **다음 중 원자로 내의 중성자 수를 적당하게 유지하기 위해 사용되는 제어봉의 재료로 알맞은 것은?**

① 나트륨　　② 베릴륨
③ 카드뮴　　④ 경수

해설
재료 : 카드뮴[cd], 하프늄[hf], 붕소[B]

정답 08 ② 09 ② 10 ① 11 ③

12 **원자로의 냉각재가 갖추어야 할 조건이 아닌 것은?**

① 열용량이 클 것
② 중성자의 흡수 단면적이 클 것
③ 녹는점이 낮고 끓는점이 높을 것
④ 냉각재와 접촉하는 재료를 부식하지 않을 것

해설

냉각재 : 핵 분열시 발산되는 열에너지를 로 외부로 인출, 열 교환기로 운반, 중성자 흡수 단면적이 적어야 한다.
재료 : 경수[H_2O], 중수[D_2O], 헬륨[H_e], 이산화탄소[CO_2]

13 **원자로의 냉각재가 갖추어야 할 조건으로 틀린 것은?**

① 열용량이 작을 것
② 중성자 흡수 단면적이 작을 것
③ 냉각재와 접촉하는 재료를 부식하지 않을 것
④ 중성자의 흡수 단면적이 큰 불순물을 포함하지 않을 것

해설

① 열용량이 클 것

14 **원자로에서 카드뮴(cd) 막대가 하는 일을 옳게 설명한 것은?**

① 원자로 내에 중성자를 공급한다.
② 원자로 내에 중성자 운동을 느리게 한다.
③ 원자로 내의 핵분열을 일으킨다.
④ 원자로 내에 중성자 수를 감소시켜 핵분열의 연쇄반응을 제어한다.

해설

카드뮴 : 원자로 내에 중성자 수를 감소시켜 핵분열의 연쇄반응을 제어

정답 12 ② 13 ① 14 ④

15 **가압수형 원자력 발전소(PWR)에 사용되는 연료 감속재 및 냉각재로 적당한 것은?**

① 연료 : 천연 우라늄, 감속재 : 흑연, 냉각재 : 이산화탄소
② 연료 : 농축 우라늄, 감속재 : 중수, 냉각재 : 경수
③ 연료 : 저농축 우라늄, 감속재 : 경수, 냉각재 : 경수
④ 연료 : 저농축 우라늄, 감속재 : 흑연, 냉각재 : 경수

해설

경수형 원자로(L.W.R)
㉠ 연료 : 저농축 우라늄
감속재 : 경수
냉각수 : 경수
㉡ 비등수형 원자로(B.W.R)
- 원자로 내의 증기와 물 분리 후 증기를 터빈에 공급
- 열 교환기가 필요없다.

㉢ 가압수형 원자로(P.W.R)
- 비등수형의 단점 보완
- 열 교환기가 필요하다.

16 **원자력 발전소에서 비등수형 원자로에 대한 설명으로 틀린 것은 어느 것인가?**

① 연료로 농축 우라늄을 사용한다.
② 감속재로 헬륨액체 금속을 사용한다.
③ 냉각재로 경수를 사용한다.
④ 물을 로 내에서 직접 비등시킨다.

해설

② 저농축 우라늄을 사용한다.

17 **비등수형 원자로의 특색에 대한 설명이 틀린 것은?**

① 열 교환기가 필요하다.
② 기포에 의한 자기 제어성이 있다.
③ 순환 펌프로서는 급수 펌프뿐이므로 펌프동력이 작다.
④ 방사능 때문에 증기는 완전히 기수분리를 해야 한다.

해설

① 열 교환기가 필요 없다.

정답 15 ③ 16 ② 17 ①

18 **증식비가 1보다 큰 원자로는?**

① 경수로 ② 고속 증식로
③ 중수로 ④ 흑연로

해설

고속 증식로(F.B.R) : 증식비 1 이상 → 나트륨 냉각로

19 **원자로에서 독작용이란?**

① 열중성자가 독성을 받는 것을 말한다.
② $_{54}X^{135}$와 $_{62}Sn^{149}$가 인체에 독성을 주는 작용이다.
③ 열중성자 이용률이 저하되고 반응도가 감소되는 작용을 말한다.
④ 방사성 물질이 생체에 유해 작용을 하는 것을 말한다.

해설

원자로 독작용 : 열중성자 이용률이 저하되고 반응도가 감소되는 작용을 말한다.

20 **농축 우라늄을 제조하는 방법이 아닌 것은?**

① 이온법 ② 기체 확산법
③ 열 확산법 ④ 물질 확산법

해설

농축 우라늄 제조법 : 기체 확산법, 열 확산법, 물질 확산법

21 **열중성자 흡수 단면적이 가장 큰 것은?**

① $_{94}U^{239}$ ② $_{92}U^{235}$
③ $_{92}U^{238}$ ④ $_{92}U^{233}$

해설

$_{94}U^{239}$에서 94는 양자개수이고 239는 양자 + 중성자 수를 의미한다.

정답 18 ② 19 ③ 20 ① 21 ①

22 **원자로에서 열중성자를 U^{235}핵에 흡수시켜 연쇄반응을 일으키게 함으로써 열에너지를 발생시키는데 그 방아쇠 역할을 하는 것이 중성자원이다. 다음 중 중성자를 발생시키는 방법이 아닌 것은?**

① α 입자에 의한 방법　　② β 입자에 의한 방법
③ γ 선에 의한 방법　　④ 양자에 의한 방법

해설
중성자를 발생시키는 방법으로는 다음과 같은 것이 있다.
- α 입자에 의한 방법
- γ 선에 의한 방법
- 양자 또는 중성자에 의한 방법

23 **비등수형 원자로의 특징에 대한 설명으로 틀린 것은?**

① 증기 발생기가 필요하다.
② 저농축 우라늄을 연료로 사용한다.
③ 노심에서 비등을 일으킨 증기가 직접 터빈에 공급되는 방식이다.
④ 가압수형 원자로에 비해 출력밀도가 낮다.

해설
원자로의 종류
비등수형(BWR)의 경우 원자로 내의 증기와 물 분리 후 증기를 터빈에 공급하며, 열교환기(증기 발생기)가 불필요하다.

24 **원자로의 중성자가 원자로 외부로 유출되어 인체에 위험을 주는 것을 방지하고 방열의 효과를 주기 위한 것은?**

① 제어재　　② 차폐재
③ 반사체　　④ 구조재

해설
원자로의 차폐재
원자로 외부로 유출되어 인체에 위험을 주는 것을 방지하고 방열의 효과를 주기 위한 것은 차폐재를 말하며 주로 콘크리트를 사용한다.

정답 22 ② 23 ① 24 ②

25 원자로의 감속재에 대한 설명으로 틀린 것은?

① 감속 능력이 클 것
② 원자 질량이 클 것
③ 사용재료로 경수를 사용
④ 고속 중성자를 열 중성자로 바꾸는 작용

해설

감속재 : 핵분열 시 고속 중성자를 열 중성자로 감속

(1) 감속재는 고속 중성자를 열중성자로 바꾸는 작용을 하므로 중성자 흡수 면적이 작고 탄성 산란에 의해 감속되는 정도가 크고, 원자량이 적은 원소일수록 좋다.

(2) 온도계수 : 감속재 온도 1[℃] 변화에 대한 반응도의 변화

(3) 재료 : 경수(H_2O), **중수(D_2O)**, 흑연(C), 베릴륨(Be)
↳ 감속비 가장 크다.

26 원자력 발전의 기본 원리가 되는 원자력 에너지 이론에 의하면 질량 1[kg]의 물질이 완전히 에너지로 변환되면 그 에너지는 약 몇 [kWh]에 해당되는 전력량과 같은가?

① 1.5×10^{10}
② 1.5×10^{7}
③ 2.5×10^{10}
④ 2.5×10^{7}

해설

$E= m\,C^2 = 1\times(3\times10^8)^2 = 9\times10^{16}$ [J]

1[kWh] $= 3.6\times10^6$ [J]이므로 $E= \dfrac{9\times10^{16}}{3.6\times10^6} = 2.5\times10^{10}$ [kWh]

27 가스 냉각형 원자로에 사용하는 연료 및 냉각재는?

① 농축 우라늄, 헬륨
② 천연 우라늄, 탄소가스
③ 천연 우라늄, 질소
④ 농축 우라늄, 수소가스

해설

가스 냉각형 원자로
- 연료 – 천연 우라늄
- 감속재 – 흑연
- 냉각재 – 탄소가스

정답 25 ② 26 ③ 27 ②

합격까지 박문각

필기 기본서

제2판 인쇄 2024. 3. 20. | **제2판 발행** 2024. 3. 25. | **편저자** 정용걸
발행인 박 용 | **발행처** (주)박문각출판 | **등록** 2015년 4월 29일 제2015-000104호
주소 06654 서울시 서초구 효령로 283 서경 B/D 4층 | **팩스** (02)584-2927
전화 교재 문의 (02)6466-7202

저자와의
협의하에
인지생략

정가 20,000원
ISBN 979-11-6987-797-8

MEMO